Zentrale Prüfung

Mathematik

Regelschule/Gymnasium
Jahrgangsstufe 10
Thüringen

Zusammengestellt und bearbeitet
für Thüringen
von Waltraud Kürschner und Elviera Völker
unter Mitarbeit der Verlagsredaktion Mathematik

Cornelsen

Autoren: Ines Knospe (Goch), Jutta Lorenz (Bad Doberan), Manuela Rohde (Fürstenwalde), Marion Roscher (Kösterbeck), Hans-Ulrich Rübesamen (Cottbus), Stefan Schmidt (Berlin), Andrea Stolpe (Müncheberg), Christian Theuner (Cottbus), Udo Wennekers (Goch)

Berater für Thüringen: Waltraud Kürschner (Schweina), Elviera Völker (Bad Liebenstein)

Redaktion: Berit Kroschel
Lösungen: Torsten Gebauer, Wernfried Lengert
Bildredaktion: Peter Hartmann

Grafik: Ulrich Sengebusch
Umschlaggestaltung: hawemannundmosch, bureau für gestaltung, Berlin
Layoutkonzept: werkstatt für gebrauchsgrafik, Berlin
Technische Umsetzung: CMS Cros Media Solutions GmbH, Würzburg

Fotos: 16/1 Red Wing Shoe Company (USA); 34/1 Corel Library/Cornelsen Verlag; 34/2 Tropical Island/Pressefoto; 38/1 Cornelsen Verlag/Kroschel
Trotz intensiver Bemühungen konnten nicht alle Rechteinhaber ausfindig gemacht werden. Bei begründeten Ansprüchen wenden sich diese bitte an den Verlag.

Die Internetadressen und -dateien, die in diesem Lehrwerk angegeben sind, wurden vor Drucklegung geprüft (Stand: Februar 2007).
Der Verlag übernimmt keine Gewähr für die Aktualität und den Inhalt dieser Adressen und Dateien oder solcher, die mit ihnen verlinkt sind.

Unter der folgenden Adresse befinden sich multimediale Zusatzangebote:
www.cornelsen.de/abschlusspruefungmathe
Die Buchkennung ist **MAP001119**.

www.cornelsen.de

1. Auflage, 1. Druck 2007

Druck: CS-Druck CornelsenStürtz, Berlin

ISBN 978-3-06-001119-3

Inhalt gedruckt auf säurefreiem Papier aus nachhaltiger Forstwirtschaft.

Inhaltsverzeichnis

Tipps zum Heft und zur Prüfungsvorbereitung

Ein Sportler wird ohne Training kaum bei einem Wettkampf erfolgreich sein. Er wird deshalb zuvor vor allem das üben, was für seine Sportart und den bevorstehenden Wettkampf wichtig ist. Für den Erfolg wird er sich über einen längeren Zeitraum kontinuierlich vorbereiten.
Die Mathematikprüfung am Ende der Jahrgangsstufe 10 ist vergleichbar mit einer Landesmeisterschaft im Sport. Das vorliegende Heft soll mit seinen vielseitigen Aufgaben ein Trainer dafür sein.

Prüfungsvorbereitung heißt: Es ist das bereits Behandelte zu wiederholen.
Das Heft unterstützt dies, indem es einfache und komplexere Aufgaben zu wesentlichen Schwerpunkten in Verbindung mit Anregungen zum Arbeiten mit dem Tafelwerk (der Formelsammlung) und dem Taschenrechner anbietet.

Das Tafelwerk wird gezielt zur Reaktivierung von Wissen und Können einbezogen. Es gibt demzufolge im Heft keine „neuen" Erarbeitungsangebote und Ähnliches. In der Praxis hat sich oft gezeigt, dass derartige kurze Zusammenstellungen Schülerinnen und Schülern nicht helfen, ihre Probleme zu überwinden, sondern bei für sie neuartigen Darstellungsansätzen, Lösungswegen, ... Verwirrung stiften und Hilflosigkeit erzeugen.

Im Unterricht bereits verwendete Materialien sollten auch deshalb bei der Prüfungsvorbereitung genutzt werden. Zum ausgiebigen Nacharbeiten enthält jeder Schwerpunkt einen Hinweis auf geeignete Seiten im Nachschlagewerk „Mathematik in Übersichten". Zwei Beispielseiten aus diesem Buch befinden sich hinten auf dem Umschlag.

Bei der Zusammenstellung der Aufgaben wurden die Lehrpläne für die Regelschule und das Gymnasium berücksichtigt. Das Sternchen an einigen Aufgaben symbolisiert, dass diese Inhalte abverlangen, die in Gymnasien – aber nicht in Regelschulen – Unterrichtsgegenstand sind. Das Arbeitsheft ist somit zur Vorbereitung auf den Mittleren Abschluss an Gymnasien (besondere Leistungsfeststellung) und den Realschulabschluss an Regelschulen sehr gut geeignet. Ein Blick in das Inhaltsverzeichnis zeigt, dass das Arbeitsheft Aufgaben zu allen abschlussrelevanten Lernbereichen enthält und diese in gut überschaubaren Einheiten anbietet.
Ein Vergleich der Themen dieses Heftes mit den Inhaltsverzeichnissen der Lehrbücher für Klasse 9 und 10 zeigt, dass das Heft nicht ausschließlich zur Prüfungsvorbereitung geeignet ist.

Die Aufgaben zur Prüfungsvorbereitung sind so zusammengestellt worden, dass es günstig, aber nicht zwingend notwendig ist, sie der Reihe nach zu bearbeiten. Es wird jeweils Grundlegendes aufgezeigt und im Anschluss daran werden nach dem Schwierigkeitsgrad sortierte komplexere Übungsaufgaben angeboten.
Wie auch in zahlreichen Prüfungsaufgaben gehen Teilaufgaben über den jeweiligen Schwerpunkt hinaus.

Bei der Organisation der Prüfungsvorbereitung hilft der Trainingsplan auf Seite 40.
Eine gute Zeiteinteilung und ein frühzeitiger Beginn der Prüfungsvorbereitung bringt mehr Erfolg als große Brocken auf einmal bewältigen zu wollen. Eine gemeinsame Prüfungsvorbereitung macht Spaß und führt ebenfalls oft zu beachtlichen Leistungssteigerungen.

Die Multiple-Choice-Tests zu den Grundfertigkeiten dienen einerseits der umfassenden Einstimmung in einen thematischen Schwerpunkt und andererseits der Beurteilung, wie gut die individuellen Voraussetzungen zur Bearbeitung komplexerer Aufgaben sind.
Es ist, wie gewohnt, in den Kästchen anzukreuzen. Eine Aufgabe gilt dann als richtig gelöst, wenn nur die richtigen Lösungen markiert wurden.

Das beiliegende Lösungsheft ermöglicht eine rasche Kontrolle der Ergebnisse aller Aufgaben und die Beurteilung des derzeitigen Leistungsstandes. Natürlich kann es auch als Hilfe beim Bearbeiten von Aufgaben eingesetzt werden. Zu beachten ist, dass die Abbildungen im Lösungs- und Arbeitsheft, wenn nichts anderes vermerkt ist, nicht maßstabsgetreu sind.

Mit den Aufgabenbeispielen zu Prüfungen, die unter www.thueringen.de/de/tkm/schule/schuleonline/pruefung zu finden sind, kann weiter trainiert werden. So ist eine realitätsnahe Vorbereitung auf die neuartigen Anforderungen der Situation möglich.
Hinweise zur Durchführung der zentralen Prüfung im jeweiligen Schuljahr werden vermutlich über diese Internetseite zu finden sein.
Prüfungsaufgaben und die dazugehörigen Lösungen stehen voraussichtlich ab Sommer 2007 im Internet auch unter www.cornelsen.de/abschlusspruefungmathe.
Diese können als Probeprüfungen zum Abschluss der Prüfungsvorbereitung genutzt werden.

Checkliste der Materialien zur Prüfungsvorbereitung

- ☐ Taschenrechner (der im Unterricht verwendet wird)
- ☐ Tafelwerk (die in der Schule verwendete Formelsammlung)
- ☐ Zeichengeräte (Geodreieck, Zirkel, ...)
- ☐ Schreibzeug
- ☐ kariertes und weißes Papier sowie Millimeterpapier
- ☐ Wahrig (Auch die Rechtschreibung soll stimmen.)

} Diese Materialien können auch in der Prüfung genutzt werden.

- ☐ eigene Aufzeichnungen bzw. Lehrbücher und
- ☐ „Mathematik in Übersichten" (zum Nacharbeiten)

} Diese Materialien dürfen in Prüfungen nicht verwendet werden.

Von Anfang an sollte mit den im Unterricht verwendeten Hilfsmitteln, d. h. Tafelwerk (Formelsammlung), Taschenrechner, Geodreieck, …, in der bekannten Form gearbeitet werden. Dies gibt Sicherheit und spart Zeit.

Nutzung von Tafelwerk und Taschenrechner

- Verschaffe dir einen Überblick über den Aufbau des Tafelwerks. Suche dazu zu jedem Schwerpunkt die passenden Seiten.
- Schlage während der Prüfungsvorbereitung möglichst Formeln nur in dem in der Schule verwendeten Tafelwerk nach. Merke dir, wo wichtige Formeln zu finden sind.
- Verwende möglichst bei der Prüfungsvorbereitung und in der Prüfung nur den Taschenrechner, den du bisher im Mathematikunterricht genutzt hast.
- Nutze den Speicher, um Eingabefehler und Rundungsfehler zu vermeiden. Dies spart auch Zeit.
- Überschlage jedes Ergebnis im Kopf.

Sechs Tipps zur Bearbeitung der Text- und Sachaufgaben

- Lies den Text in Ruhe durch, bevor du mit der Bearbeitung der Aufgabe beginnst.
- Zeichne Skizzen. Diese sind hilfreich, wenn du auf Schwierigkeiten stößt.
- Markiere die gegebenen und gesuchten Angaben. Bei zahlreichen Aufgaben sieht man so schnell den vorher verzweifelt gesuchten Ansatz. „Schmierzettel" bewähren sich dabei oft.
- Schreibe die Einheiten mit auf. So kannst du Flüchtigkeitsfehler vermeiden und später gegebenenfalls schneller deinen Lösungsweg nachvollziehen und Fehler finden. Führe jeweils einen Überschlag durch.
- Überprüfe, ob die Ergebnisse deiner Rechnungen zu den Aufgaben und Aufgabenstellungen passen. Überdenke, ob sie praktisch bzw. innermathematisch sinnvoll sind. Schreibe gegebenenfalls einen kurzen Kommentar.
- Notiere einen Lösungsweg. Achte auf die exakte mathematische Form.

Abschliessend noch drei Tipps für bessere Noten

- Wie verschafft man sich einen Überblick über alle Aufgaben?
  Mit welcher sollte man beginnen?
  Lies dir alle Aufgaben zuerst einmal durch. Beginne stets mit einer Aufgabe, die du relativ sicher bewältigen kannst. Berücksichtige deine Notizen im Trainingsplan Seite 40.
- Verschenke keine Punkte durch Formmängel.
  Beachte, dass bei Formverstößen oder einer unsachgemäßen Verwendung der Fachsprache Punkte abgezogen werden können.
- Hilfe ich komme nicht weiter.
  Soll ich eine andere Aufgabe nehmen?
  Wenn du bei einer Aufgabe nicht weiterkommst, dann probiere nicht zu lange. Versuche andere Aufgaben zu lösen. Beschäftige dich erst wieder damit, wenn du die anderen Aufgaben so weit wie möglich gelöst hast.
  Lege ab und zu eine einminütige Pause ein. Gerade bei hoher Anspannung kannst du dich dadurch schnell erholen.

Prozent- und Zinsrechnung

Prozentangaben werden häufig genutzt um Verteilungen oder Anteile anzugeben. Kenntnisse zur Prozentrechnung sind dadurch in vielen Zusammenhängen anzuwenden. Zahlreiche dieser Aufgaben lassen sich schnell mithilfe der Grundgleichung der Prozentrechnung bzw. der Zinsrechnung lösen. Sie steht im Tafelwerk.

Teste deine Grundfertigkeiten

1 Notiere die entsprechenden Brüche.

A $1\,\% =$ ________ B $100\,\% =$ ________

C $33\frac{1}{3}\,\% =$ ________ D $12{,}5\,\% =$ ________

2 In welchen Abbildungen sind 25 % blau?

A
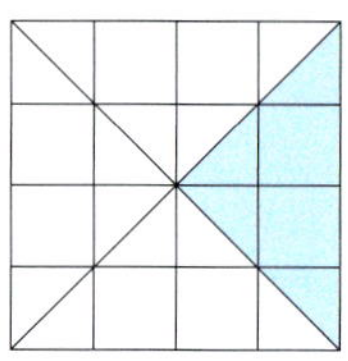

B
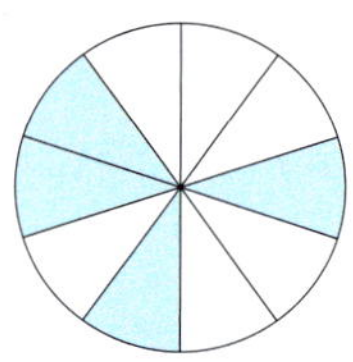

C
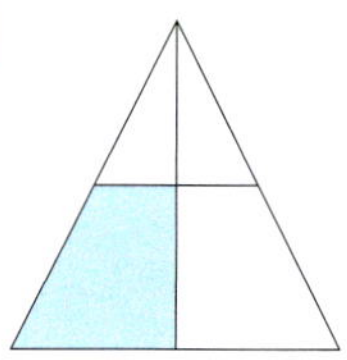

D
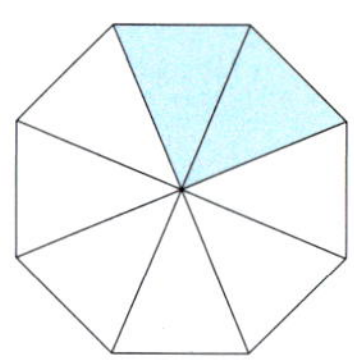

3 Notiere die Grundgleichung der Prozentrechnung.

____

4 Auf welche Schule bezieht sich die Aussage?

Schule	Schülerinnen und Schüler	Aussage
Hertz	800	
Einstein	600	
Fontane	700	
Adenauer	400	

a) 20 % der Schülerinnen und Schüler tragen Zeitungen aus. Das sind 120 Jugendliche.
b) 10 % kommen mit dem Bus zur Schule. Das sind 40 Schülerinnen und Schüler.
c) 350 Mädchen, das sind 50 % der Schülerschaft.

5 Wie viel Prozent sind 35 kg von 700 kg?

A 0,5 % B 5 kg
C 5 % D 50 %

6 Welche Ausdrücke passen zur Antwort „75 m"?

A 5 % von 1500 m B 20 % von 375 m
C $\frac{1}{5}$ von 300 m D 120 % sind 90 m

7 Für 1250 € erhält Lea p. a. 87,50 € Zinsen.

A $p = 3{,}5\,\%$ B $p = 1{,}7\,\%$
C $p = 7\,\%$ D $p = 0{,}7\,\%$

8 Alle Preise wurden um 15 % gesenkt. Wie teuer war die Hose, die heute 46,75 € kostet?

A 39,74 € B 61,75 €
C 53,76 € D 55,00 €

9 Max hatte eine Münze für 5 € gekauft und diese für 12 € verkauft. Wie hoch ist sein Gewinn?

A 140 % B 240 %
C 41,6 % D 71,4 %

10 Die Kanten eines Würfels werden verdoppelt. Auf das Wievielfache steigt das Volumen?

A 200 % B 400 %
C 600 % D 800 %

11 Welche blau angegebenen Ergebnisse stimmen?

	Kapital	Zinssatz	Anlagezeit	Zinsen
A	2880,00 €	5 % p. a.	50 Tage	20,00 €
B	160,00 €	1,8 % p. a.	3 Monate	7,20 €
C	576,00 €	1,5 % p. a.	3 Jahre	25,92 €
D	495,75 €	2 % p. a.	9 Monate	7,44 €

9 bis 11 Aufgaben sind richtig. Deine Grundfertigkeiten sind gut.
7 bis 8 Aufgaben sind richtig. Deine Grundfertigkeiten sind befriedigend.
Weniger als 7 Aufgaben sind richtig. Deine Grundfertigkeiten sind noch nicht ausreichend.

Literaturhinweis: Mathematik in Übersichten S. 65 ff. und S. 71 ff.

TRAINIERE AN KOMPLEXEREN AUFGABEN

AUFGABE 1

Im Jahr 2005 wurden in Deutschland insgesamt ca. 433 000 Personen durch Unfälle im Straßenverkehr verletzt.

Verletzte Benutzer von:

• *Fahrrädern*	*ca.*	78 000
• *Motorrädern u. Ä.*	*ca.*	53 000
• *Pkw*	*ca.*	247 000
• *Sonstiges*	*ca.*	21 000
• *Fußgänger*	*ca.*	34 000

a) Überschlage, wie viele motorisierte Verkehrsteilnehmer 2005 verletzt wurden.

b) Auch das Alter der Verletzten wurde erfasst. Etwa 8,5 % von ihnen waren Kinder unter 15 Jahren. Wie viele unter 15-Jährige waren das?

c) Stelle die Angaben in einem Kreisdiagramm und in einem Streifendiagramm dar.
Gib jeweils den prozentualen Anteil an.

AUFGABE 2

Der Preis einer Packung neuer DVD-Rohlinge wurde von 7,50 € auf 7,75 € erhöht.
Bei Abnahme von 20 Packungen erhält man einen Rabatt von 3,5 %.

a) Gib die prozentuale Steigerung des Preises einer Packung an.

b) Ermittle die Höhe des Rabattes in Euro beim Kauf von 20 Packungen.

c) Berechne die absolute und prozentuale Veränderung des Preises für 20 Packungen.

AUFGABE 3

Herr Graubert möchte eine TV-Einrichtung mit LCD-Fernseher und Heimkino-System zum Preis von 5800 Euro mit 15 % Rabatt kaufen. Da Herr Graubert zurzeit nicht genügend Bargeld besitzt, überzieht er sein Girokonto mit einem Dispositionskredit für 20 Tage um 4320 Euro. Die Bank verlangt dafür p. a. 18 % Zinsen.

a) Gib die Höhe der Überziehungszinsen an.

b) Wie viel Euro spart er durch den Rabatt?

c) Berechne, wie viel Prozent des Verkaufspreises Herr Graubert insgesamt spart.

AUFGABE 4

Der Familienbetrieb Janke plant die Anschaffung eines Autos im Wert von 12 000,00 €. Dieses Auto wird für drei Jahre benötigt. Es stehen für diesen Zeitraum drei Finanzierungsmodelle zur Wahl.

Angebot A:	Kreditkauf mit einer Anzahlung von 30 % des Kaufpreises, 36 Raten zu je 270,00 € und ein nach 3 Jahren vereinbarter Wiederverkauf für 5500,00 €
Angebot B:	Barkauf mit 2 % Skonto und ein nach 3 Jahren angestrebter Wiederverkauf für 5500,00 €
Angebot C:	Leasing für 3 Jahre mit Zahlung von 40 % des Kaufpreises und 36 Zahlungen zu je 110,00 €

a) Vergleiche, wie viel Euro das Auto den Familienbetrieb insgesamt jeweils am Ende der drei Jahre gekostet haben würde.
Berücksichtige sowohl den Kaufpreis als auch den angestrebten Wiederverkaufspreis.

b) Familie Janke möchte aufgrund finanzieller Engpässe im ersten Jahr möglichst wenig Geld für das Auto ausgeben. Welches Angebot ist dann empfehlenswert? Begründe.

AUFGABE 5

Drei Reisebüros hatten zu Beginn der Saison ein und dieselbe Reise zum gleichen Preis im Angebot. Diese kostete zunächst 1000 €. Das Reisebüro „Sunfly" senkte den Preis der Flugreise zu Saisonende erst um 2 %, dann noch einmal zur Nachsaison um 8 %. Das Reisebüro „Urlaub + Reisen" ließ erst den Preis um 4 % und dann noch einmal um 6 % fallen. Bei „City-Reisen" wurde zweimal um 5 % gesenkt.

a) Vergleiche die Preisangebote der drei Reisebüros nach der zweiten Preissenkung.

b) Gib alle möglichen Preisnachlässe in Euro an.

Zahlen und Größen

Jede Größenangabe besteht aus Zahlenwert und Einheit. Man verwendet vor allem SI-Einheiten wie z. B. Meter. SI steht für internationales Einheitensystem. Jede Länge – Erdumfang, Dicke eines Haars, ... – kann damit in Verbindung mit einer Zahl angegeben werden. Zahlen werden bekanntlich auch ohne Einheiten verwendet.

Teste deine Grundfertigkeiten

1 Bei welchen Einheiten verwendet man folgende Vorsätze? Kilo … für Tausend; Dezi … für Zehntel; Milli … für Tausendstel

A Meter B Tonne
C Stunde D Gramm

2 Markiere die wahren Aussagen.

a)
A $4\,\text{kg} = 4000\,\text{g}$ B $0{,}75\,\text{m} = 75\,\text{mm}$
C $1{,}5\,\text{h} = 150\,\text{min}$ D $400\,\text{cm}^2 = 4\,\text{m}^2$

b)
A $1{,}4 \cdot 10^3\,\text{g} = 1{,}4\,\text{kg}$ B $1{,}7 \cdot 10^3\,\text{kg} = 1700\,\text{kg}$
C $6 \cdot 10^6\,\text{mm} = 6\,\text{km}$ D $1{,}5 \cdot 10^{-3}\,\text{m} = 1500\,\text{mm}$

3 Runde auf Hundertstel.

A $9{,}789\,\text{kg} \approx 9{,}79\,\text{kg}$ B $5{,}475\,\text{m} \approx 5{,}48\,\text{m}$
C $0{,}999\,\text{m}^2 \approx 1{,}00\,\text{m}^2$ D $6{,}809\,\text{t} \approx 6{,}80\,\text{t}$

4 Rechne um und runde auf Einer.

A $31899\,\text{mm} \approx 31\,\text{m}$ B $6789\,\text{s} \approx 19\,\text{h}$
C $8700\,\text{h} \approx 1$ Jahr D $43210\,\text{g} \approx 43\,\text{kg}$

5 Setze jeweils eine passende Einheit ein.

a) Elefant Kalam wiegt 4 ________.

b) Ein Klassenraum ist 8 ________ lang.

6 Schätze die Größe dieser Doppelseite 8/9.

A ca. $125\,\text{cm}^2$ B ca. $1250\,\text{cm}^2$
C ca. $12{,}5\,\text{dm}^2$ D ca. $0{,}000\,012\,5\,\text{ha}$

7 Notiere alle gemeinsamen Teiler von 40 und 36. ________________

8 Schätze, wie viele Vögel zu sehen sind.

A ca. 120 Vögel B ca. 580 Vögel
C ca. 200 Vögel D ca. 700 Vögel

9 Wie viele verschiedene dreistellige natürliche Zahlen kann man mit den Ziffern 5, 7 und 9 bilden, wenn jede nur einmal verwendet werden darf?

A 2 B 4
C 6 D 8

10 Welche Aussagen sind wahr?

A $\pi \approx 1{,}34$ B $1{,}6 = 1\frac{3}{5}$
C $7\frac{2}{3} \approx 7{,}67$ D $1{,}4 = \frac{1}{4}$

11 Ergänze die Symbole der Zahlenbereiche.
$\mathbb{N}$ (natürliche Zahlen) $\mathbb{Z}$ (ganze Zahlen)
$\mathbb{Q}$ (rationale Zahlen) $\mathbb{R}$ (reelle Zahlen)

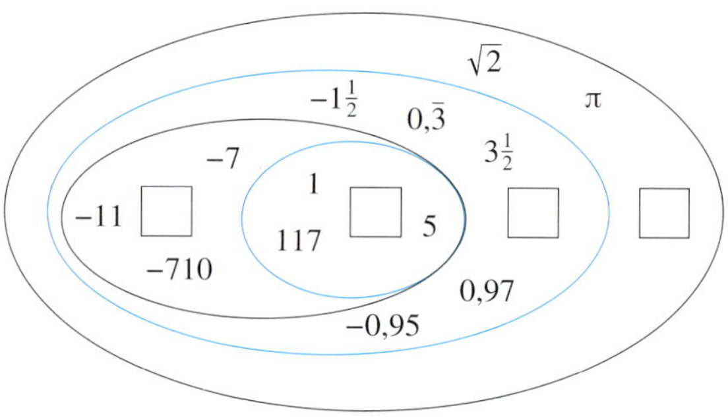

9 bis 11 Aufgaben sind richtig. Deine Grundfertigkeiten sind gut.
7 bis 8 Aufgaben sind richtig. Deine Grundfertigkeiten sind befriedigend.
Weniger als 7 Aufgaben sind richtig. Deine Grundfertigkeiten sind noch nicht ausreichend.

Literaturhinweis: Mathematik in Übersichten S. 5 f., S. 9 ff., S. 15 ff., S. 24 ff. und S. 29 ff.

Trainiere an komplexeren Aufgaben

Aufgabe 1

Löse die folgenden Aufgaben. Nimm gegebenenfalls das Tafelwerk zu Hilfe.

a) Ordne nach Größenangaben mit Einheiten der Zeit, der Masse, des Geldes, der Länge, der Fläche und des Volumens.
Rechne – sofern möglich – jeweils in die nächstgrößere Einheit um.

20 dm;	6 h;	780 m;
280 cm^3;	4 s;	200 g;
60 000 ct;	500 kg;	100 cm;
1800 cm^2;	25 ml;	25 min;
95 mg;	540 mm;	4 a;
7,85 mm^3;	3,50 €	

b) Ordne. Beginne mit dem kleinsten Wert.

0,5 s; $\frac{3}{4}$ min; 40 s; $\frac{3}{4}$ Jahr;

8 Monate; $\frac{3}{4}$ h; 50 Wochen

c) Setze passende Größenangaben aus Teilaufgabe a) ein.

- Die durchschnittliche Zeit zwischen zwei Atemzügen bei Menschen beträgt etwa …
- Die Masse dieses Arbeitsheftes mit beigelegten Lösungen beträgt etwa …
- Wenn zwei bis drei Schachteln pro Woche geraucht werden, betragen die Kosten für Zigaretten im Jahr etwa …
- Viele Türen von Räumen sind etwa … hoch.
- Für die Herstellung eines Fußballs werden mindestens … Leder benötigt.
- Fast jeder besitzt eine große Tasse mit einem Volumen von etwa …

Aufgabe 2

Ordne nach der Größe. Beginne mit dem Term, der den kleinsten Wert hat.

a) $\frac{1}{3}$; $1\frac{1}{5}$; $\frac{3}{2}$; 1,5; 0,3; $1,\overline{5}$; $1,\overline{3}$

b) 3^2; 2^3; 3^0; 3^{-1}; 3^{-2}; 2^{-3}; 2,3; 3,2; 0^0

c) $3\frac{2}{5}$; -4; $-0,85$; $-\pi$; $\sqrt{2}$; $3,3 \cdot 10^{-3}$; $-\frac{22}{7}$

d) 0,74 dm^2; 24 dm^2; 0,02 m^2; $\frac{1}{2}$ m^2; 8,13 dm^2

e) 2 dm; 2 mm; 0,2 km; $2\frac{1}{2}$ m; 200 cm

f) 400 mg; 4 g; 0,04 kg; 0,04 t; $\frac{4}{10}$ t

Aufgabe 3

Bestimme jeweils das Ergebnis in der vorgegebenen Einheit.

a) 0,7 kg + 275 g + 3000 mg = ______________ g

b) 0,4 km + 36 m − 15 cm = ______________ m

c) 65 000 000 km · 360 = ______________ · 10^8 km

d) 3 min 50 s + 4,5 min = ______________ min

e) 0,7 m + 800 cm + 70 dm = ______________ cm

f) 6 · 150 g + 4 · 0,3 kg = ______________ kg

Aufgabe 4

Beurteile folgende Aussagen.

a) Zwischen 98 und 79 liegen genau 19 natürliche Zahlen.

b) 9 ist Teiler von 129, weil 9 die letzte Ziffer von 129 ist.

c) Wenn eine Zahl durch 15 teilbar ist, so ist sie auch durch 3 und 5 teilbar.

d) Treffen sich zum Training zwei Gruppen mit jeweils einer ungeraden Anzahl an Personen, so kann stets paarweise trainiert werden.

e) Wenn der Zähler eines Bruchs kleiner als sein Nenner ist, dann ist der Wert des Bruchs kleiner als 1.

f) Es gibt genau drei Primzahlen, die kleiner als 10 sind.

g) Es gibt Zahlen, die man nicht als Bruch aufschreiben kann.

h) Zwei Zahlen haben den gleichen Betrag, wenn sie auf der Zahlengeraden den gleichen Abstand zur Null haben.

i) Weil Tina schneller als Toni ist und Toni langsamer als Tanja, ist Tanja langsamer als Tina.

j) Eine Primzahl ist immer ungerade.

Terme, Gleichungen und Ungleichungen

Zahlreiche Sachverhalte lassen sich mithilfe von Termen und Gleichungen ausdrücken. Beim Lösen von fast jeder Mathematikaufgabe wird bewusst oder unbewusst damit gearbeitet. Wiederhole deshalb die Regeln für Termumformungen und die äquivalenten Umformungen für das Lösen von Gleichungen.

Teste deine Grundfertigkeiten

1 Berechne den Wert des Terms $\frac{4{,}8}{6 \cdot 2{,}2} - 1{,}2$. Runde auf Hundertstel.

A 0,56 B −0,84
C 0,83 D −0,83

2 Welchen Wert nimmt der Term $\frac{(a+b)\cdot\sqrt{c}}{a\cdot(b+c)}$ für $a = 3{,}75$; $b = -5$ und $c = 4{,}89$ an?

A 19,51 B −15,05
C 6,70 D −6,80

3 Welche der Ausdrücke sind zur Bestimmung des Umfanges u dieser Heftseite geeignet?

A $u = a + a + b + b$ B $u = 2\cdot(a+b)$
C $u = 2\cdot 21 + 2\cdot 29{,}7$ D $u = 21\cdot 29{,}7$

4 „die Differenz der Quadrate der Zahlen a und b" Welcher Term passt dazu?

A $(a-b)^2$ B $(a-b)\cdot(a+b)$
C $a^2 : b^2$ D $a^2 - b^2$

5 Löse die Klammern auf.

$(8x+9y)^2 =$ ______

$(1{,}5r - 8s)^2 =$ ______

$(2{,}4z + 0{,}8)\cdot(2{,}4z - 0{,}8) =$ ______

6 Welche Vereinfachungen sind richtig?

A $\frac{8}{7}b + \frac{5}{7} - \frac{8}{7} = \frac{5}{7}$ B $\frac{6a-81}{3} = 2a - 27$
C $e + ef - 8e = ef - 7e$ D $-9(3+x) = -27 - 9x$

7 Welche Umformungen sind richtig?

A $14(a+14) = 14a + 196$ B $-7x(x-14) = -7x^2 - 98x$
C $6b^2 + 18b = 6b(1+3)$ D $z^2 - 6z + 9 = (z-3)^2$

8 Stelle die Gleichung $u = 2(a+b)$ nach b um.

A $b = 2u - a$ B $b = \frac{u}{2a}$
C $b = (u - 2a) : 2$ D $b = 2\cdot a - u$

9 Finde mithilfe des Taschenrechners heraus, welche der Zahlen Lösungen der Gleichung sind.
$x^2 + 3(2x-4) + 6 + 4x = 32 - (8-x) + 4x + x^2$

A 150 B $\frac{1}{6}$
C −6 D 6

10 Welche der Ungleichungen sind äquivalent zu $-3x < 21$?

A $3x < -21$ B $3x > -21$
C $x > -7$ D $x < -7$

11 „Vom Doppelten meiner gedachten Zahl subtrahiere ich 5 und quadriere die Differenz." Markiere die entsprechenden Terme.

A $5 - 2x^2$ B $(5-2x)^2$
C $2x^2 - 5$ D $(2x-5)^2$

12 Ermittle alle Terme, die für die Berechnung der Summe der Kantenlängen geeignet sind.

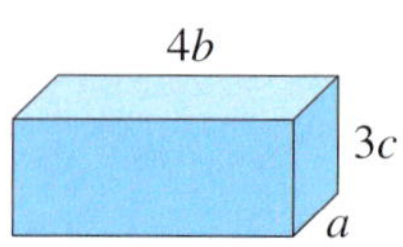

A $4(a + 4b + 3c)$ B $4a + 16b + 12c$
C $12(a + b + c)$ D $2(a + 4b + 3c)$

9 bis 12 Aufgaben sind richtig. Deine Grundfertigkeiten sind gut.
7 bis 8 Aufgaben sind richtig. Deine Grundfertigkeiten sind befriedigend.
Weniger als 7 Aufgaben sind richtig. Deine Grundfertigkeiten sind noch nicht ausreichend.

Literaturhinweis: Mathematik in Übersichten S. 39 ff. und S. 50 ff.

Trainiere an komplexeren Aufgaben

Aufgabe 1

Löse die folgenden Aufgaben.

a) Vereinfache die Terme so weit wie möglich.
① $87 - 13t^2 + 4t - 8t^3 - 8 + 13t^2$
② $\frac{7a}{15} - \frac{3a}{5} - \frac{4s}{3}$
③ $(6d - 2e)^2 + 5x(4 + 3x)$

b) Für welche reellen Zahlen sind die Bruchterme nicht definiert?
① $\frac{1}{2a-6}$
② $\frac{20-5b}{3+b}$

c) Gib die Lösungsmengen an.
① $6 + a : 8 = 10;\ a \in \mathbb{N}$
② $\frac{b-9}{3} + 5b = 2b;\ b \in \mathbb{Z}$
③ $6 - 5c = c + 8;\ c \in \mathbb{Q}$
④ $(d-2)(d+2) < 5;\ d \in \mathbb{R}$
⑤ $-6 \cdot (0{,}5 - 2x) - 10x + 17 = 0;\ x \in \mathbb{Z}$

d) Stelle die Gleichungen nach r um.
① $\frac{a}{3r} = \frac{b}{c};\ b, c, r \neq 0;\ a, b, c, r \in \mathbb{R}$
② $V = \frac{4}{3}\pi r^3;\ r \geq 0;\ r \in \mathbb{R}$

Aufgabe 2

Löse die folgenden Sachaufgaben. Stelle dazu entsprechende Terme, Gleichungen oder Ungleichungen auf.

a) Wie viele Dosen zu je 300 g kann man in ein Paket packen, das maximal 12 kg wiegen soll? Die Verpackung (das leere Paket) hat eine Masse von einem halben Kilogramm.

b) Aus einem Schmelztiegel mit flüssigem Aluminium werden 60 Aluminiumwürfel mit einer Masse von je 20 g gegossen.
Wie viele Würfel zu je 15 g könnten aus derselben Menge Aluminium entstehen?

c) Die Basis eines gleichschenkligen Dreiecks ist 4 cm lang. Gib an, wie lang die Schenkel sein können, wenn der Umfang weniger als 15 cm ist.

d) Ein Lederball hat einen Durchmesser von 20 cm. Für die Anfertigung müssen 25 % mehr Material für Nähte und Verschnitt bereitgestellt werden als der Oberflächeninhalt der Kugel beträgt.
Wie viel Quadratmeter Leder werden für die Herstellung eines Balls benötigt?

Aufgabe 3

Gegeben sind folgende Gleichung bzw. Ungleichung:
① $\frac{12}{10x-4} = \frac{14}{6x-16};\ x \neq \frac{2}{5}, x \neq \frac{8}{3}, x \in \mathbb{Z}$
② $(4x+6)(x-4) + 48 > 4x(x+3) - (14x-2);\ x \in \mathbb{R}$

a) Untersuche, ob $x = -2$ und $x = 3{,}2$ Lösungen der Gleichung bzw. Ungleichung sind.

b) Bestimme die Lösungsmengen.
Veranschauliche sie auf Zahlengeraden.

c) Gib alle natürlichen Zahlen an, die die Gleichung bzw. Ungleichung erfüllen.

Aufgabe 4

Die freiwillige Feuerwehr von Flausen möchte an der grauen Giebelwand ihres Spritzenhauses ein 2 m hohes rotes F anbringen. Damit es auch nachts sichtbar ist, soll am Buchstabenrand ein Lichtschlauch befestigt werden.

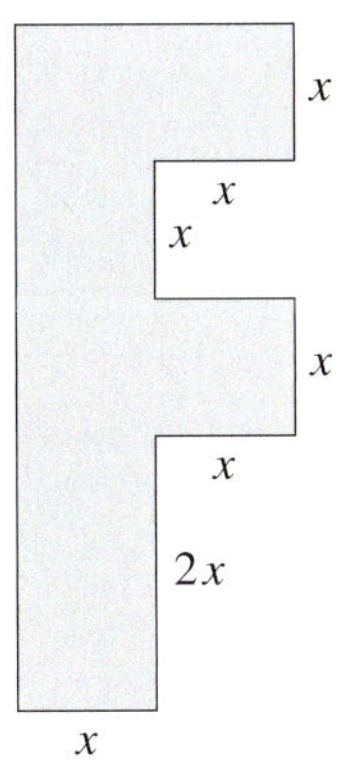

a) Zeichne den Buchstaben F für $x = 1{,}5$ cm.
Bestimme den Umfang u und den Flächeninhalt A der gezeichneten Figuren.

b) Zeige mithilfe einer Zeichnung, dass für den Flächeninhalt A gilt: $A = 7x^2$.

c) Gib eine Formel zur Berechnung des Umfangs u der Figur an.

d) Für wie viele Quadratmeter benötigt die Feuerwehr rote Farbe? Wie lang sollte ihr Lichtschlauch mindestens sein?

Lineare Gleichungssysteme

Oft können Sachverhalte durch lineare Gleichungen mit zwei Variablen beschrieben werden. Hat z. B. ein Rechteck einen Umfang von 20 cm, gilt für die Seiten a und b: $2a + 2b = 20$ cm. Es gibt mehrere Lösungen. Soll zusätzlich der Flächeninhalt 24 cm² betragen, gilt: $a \cdot b = 24\,\text{cm}^2$. Es ist ein Gleichungssystem zu lösen.

Teste deine Grundfertigkeiten

1 Welches lineare Gleichungssystem wurde grafisch gelöst? Gib die Lösungsmenge an.

A I $y = x + 2$
II $y = 4{,}5x - 1{,}5$

B I $y = 2x + 1$
II $y = -1{,}5x + 4{,}5$

C I $y = 1 + 2x$
II $y = 1{,}5x + 4{,}5$

D I $y = 0{,}5x + 1$
II $y = -\frac{2}{3}x + 4{,}5$

$L = \{(\_\_;\ \_\_)\}$

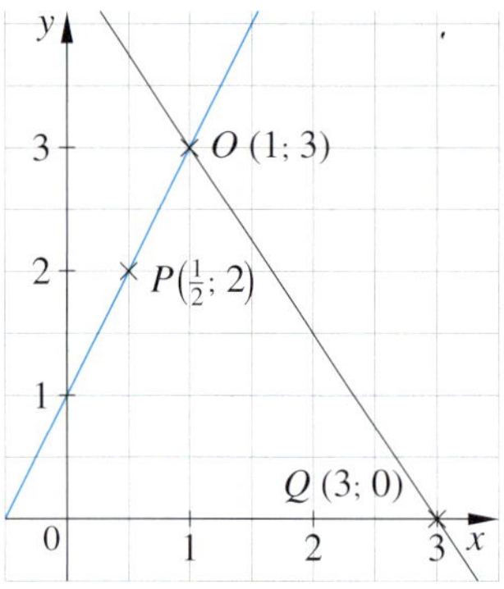

2 Wie viele Lösungen kann ein lineares Gleichungssystem haben?

A keine
B genau eine
C unendlich viele
D genau zwei

3 Bei welchen Gleichungssystemen ist die Lösungsmenge angegeben?

A I $4a - 2b = -6$
II $b = 9 - 2a$
$L = \{\ \}$

B I $s = -15t$
II $16t - 2s = 92$
$L = \{(-30;\ 2)\}$

C I $u + 2w = 4$
II $w = -3u - 3$
$L = \{(2;\ -30)\}$

D I $y = 3x + 6$
II $y = 2x - 8$
$L = \{(3;\ 18)\}$

4 Peter ist doppelt so alt wie Klaus. Zusammen sind sie 27 Jahre alt.
Gleichungssystem: I $2x = y$
II $x + y = 27$
Welcher Term gibt Peters Alter an?

A x
B y
C $2x$
D „kein Term"

5 Welche rechnerischen Verfahren zum Lösen linearer Gleichungssysteme gibt es?
Nutze gegebenenfalls das Tafelwerk.

____

____

____

6 Gegeben ist das folgende Gleichungssystem.
I $2a + 3b = 7$
II $4a - 9b = -1$
Mit welcher Zahl sollte eine der Gleichungen multipliziert werden, wenn das Additionsverfahren angewendet wird?

A 2
B −3
C 3
D −2

7 Bestimme die Lösungsmenge des Gleichungssystems aus Aufgabe 6.

8 Anne kauft vier Roggenbrötchen und drei Vierkornbrötchen für 2,50 €. Sven kauft fünf Roggenbrötchen und sieben Vierkornbrötchen. Er zahlt 4,10 €. Markiere entsprechende Gleichungssysteme.

A I $3v + r = 2{,}50$
II $7v + 5r = 4{,}10$

B I $4x + 3y = 2{,}50$
II $5x + 7y = 4{,}10$

C I $4r + 3v = 2{,}50$
II $5r + 7v = 4{,}10$

D I $5x + 7y = 4{,}10$
II $x + 3y = 2{,}50$

7 bis 8 Aufgaben sind richtig. Deine Grundfertigkeiten sind gut.
4 bis 6 Aufgaben sind richtig. Deine Grundfertigkeiten sind befriedigend.
Weniger als 4 Aufgaben sind richtig. Deine Grundfertigkeiten sind noch nicht ausreichend.

Literaturhinweis: Mathematik in Übersichten S. 53 ff.

11	$f(x) = \frac{1}{4}x$	$x_0 = 0$
	$g(x) = \frac{3}{2}x - 1$	$x_0 = \frac{2}{3}$
	$h(x) = -x + 3$	$x_0 = 3$
	$i(x) = -\frac{1}{6}x + 1$	$x_0 = 6$

Seite 15

Aufgaben zum Trainieren

1 a) Tarif A: $72\text{ €} + 0{,}172\,\frac{\text{€}}{\text{KWh}} \cdot 500\text{ kWh} = 158\text{ €}$

$72\text{ €} + 0{,}172\,\frac{\text{€}}{\text{KWh}} \cdot 3000\text{ kWh} = 588\text{ €}$

Tarif B: $108\text{ €} + 0{,}158\,\frac{\text{€}}{\text{KWh}} \cdot 500\text{ kWh} = 187\text{ €}$

$108\text{ €} + 0{,}158\,\frac{\text{€}}{\text{KWh}} \cdot 3000\text{ kWh} = 582\text{ €}$

Ein Jahresverbrauch von 500 kWh kostet bei Tarif A 158 €, bei Tarif B 187 €. Ein Jahresverbrauch von 3000 kWh kostet bei Tarif A 588 €, bei Tarif B 582 €.

b) Tarif A: $y = 72 + 0{,}172x$

Tarif B: $y = 108 + 0{,}158x$

x gibt die jährlich verbrauchte Stromenergie in kWh, y den zugehörigen Jahrespreis in € an.

c)

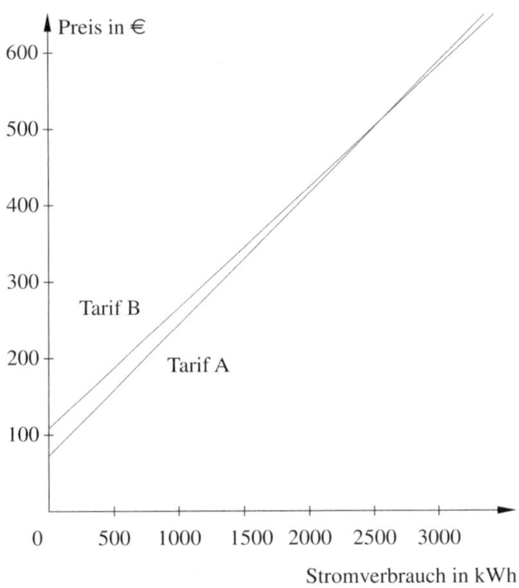

d) $72 + 0{,}172x = 108 + 0{,}158x$

$0{,}014x = 36$

$x \approx 2571$

z. B. Einsetzen in die Gleichung von Tarif A:

$72 + 0{,}172 \cdot 2571 \approx 514$

Der Schnittpunkt liegt etwa bei (2571 | 514). Bei einem Verbrauch von 2571 kWh im Jahr sind beide Tarife mit ca. 514 € ungefähr gleich teuer. Werden im Jahr weniger als 2571 kWh verbraucht, ist Tarif A günstiger, werden mehr als 2571 kWh verbraucht, ist Tarif B günstiger.

2 a) Easy: D   Telly: B   Relax: A   Flat: C

b) Easy: $0{,}39\text{ €} \cdot 7 = 2{,}73\text{ €}$

Telly: $0{,}29\text{ €} \cdot 15 = 4{,}35\text{ €}$

Ein 7 min langes Gespräch kostet bei „Easy“ 2,73 €. Ein 15 min langes Gespräch kostet bei „Telly“ ohne Grundgebühr 4,35 €.

c) Easy: $y = 0{,}39x$ Telly: $y = 4{,}95 + 0{,}29x$

x: monatliche Gesprächszeit in min

y: monatlicher Preis in €

d)

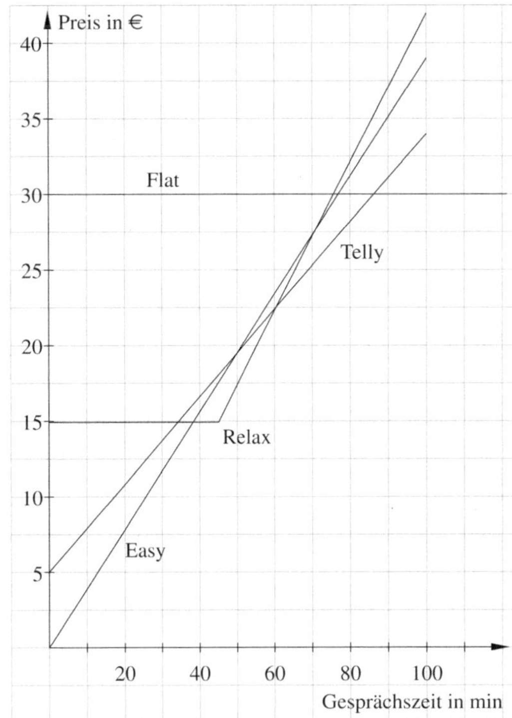

Die Anzahl der Gesprächsminuten, bei denen der günstigste Tarif wechselt, können mit Hilfe von Gleichungen exakt berechnet werden.

Easy/Relax: $0{,}39x = 14{,}95$

$x \approx 38{,}3$

Relax/Telly:

$14{,}95 + 0{,}49\,(x - 45) = 4{,}95 + 0{,}29x$

$x = 60{,}25$

Telly/Flat: $4{,}95 + 0{,}29x = 29{,}95x$

$x \approx 86{,}2$

Werden im Monat maximal 38 Minuten telefoniert, ist der Tarif „Easy” zu empfehlen. Von 39 bis 60 Minuten ist der Tarif „Relax“ und von 61 bis 86 Minuten der Tarif „Telly“ am günstigsten. Werden mindestens 87 Minuten telefoniert, ist der Tarif „Flat“ zu empfehlen.

3 a) Der Regionalexpress hält auf der Strecke an. Da er sich später in Hannover befindet, wird er durch den blauen Graphen beschrieben. Für $2{,}5\text{ h} < t < 2{,}6\text{ h}$ sind die Funktionswerte gleich (etwa $s = 260$ km).

b) Der Güterzug hat etwa 160 km zurückgelegt.

c) Die Ausweichstelle ist etwa 110 km von Hannover entfernt.

d) Regionalexpress: $1{,}3\text{ h} - 0{,}5\text{ h} = 0{,}8\text{ h}$

Der Güterzug benötigt etwa 1,25 h = 75 min und der Regionalexpress etwa 0,8 h = 48 min.

e) $v = \frac{s}{t} = \frac{200\text{ km}}{2{,}5\text{ h}} = 80\,\frac{\text{km}}{\text{h}}$

Die Durchschnittsgeschwindigkeit des Güterzugs beträgt etwa $80\,\frac{\text{km}}{\text{h}}$.

4 a) Die Längenabnahme ist proportional zur zugehörigen Zeit.
4 cm → 1 h
24 cm → 1 h · 6 = 6 h
Die Brenndauer der Kerze beträgt 6 Stunden.

b) 1 h → 4 cm
2,5 h → 4 cm · 2,5 = 10 cm
Restlänge: 24 cm − 10 cm = 14 cm
Nach 150 min Brenndauer ist die Kerze noch 14 cm lang.

c) Die Steigung des Graphen ist negativ, da die Länge der Kerze zeitlich abnimmt.

d) $y = -4x + 24$

e) x gibt die Brenndauer der Kerze in Stunden, y die zugehörige Kerzenlänge in cm an.

f) $0 = -4x_0 + 24$ $\qquad x_0 = 6$
Die Nullstelle gibt an, dass die Kerze nach 6 Stunden abgebrannt ist.

g) Definitionsbereich: $x \in \mathbb{R}; 0 \leq x \leq 6$
Nur für $0 \leq x \leq 6$ beschreibt die Funktion die Kerzenlänge.

5 a)

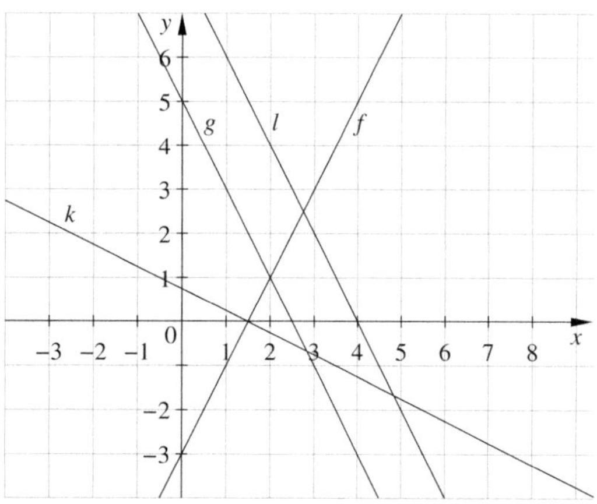

b) f: $0 = 2x_0 - 3$ $\qquad$ g: $0 = -2x_0 + 5$
$x_0 = 1,5$ $\qquad$ $x_0 = 2,5$

c) siehe auch a)
$y = -0,5x + 0,75$

d) $2x - 3 = -2x + 5$
$4x = 8$ $\qquad x = 2$
$f(2) = g(2) = 1$ $\qquad S(2 \mid 1)$

e) $l(x) = -2x + 8$

6 a) Gleichung I: z.B. $(0 \mid 1)$, $(2 \mid 0)$
Gleichung II: z.B. $(0 \mid -6)$, $(2 \mid 0)$

b) $2 \cdot \frac{2}{3} + 4y = 4$
$y = \frac{2}{3}$ $\qquad (\frac{2}{3} \mid \frac{2}{3})$
$2x + 4 \cdot (-9) = 4$
$x = 20$ $\qquad (20 \mid -9)$

c) Gleichung I: $y = -0,5x + 1$
$f(-2) = 2;$ $\qquad f(2,5) = -1,25$
P und Q liegen nicht auf der Geraden I.
Gleichung II: $y = 3x - 6$
$g(-12) = 2;$ $\qquad g(2,5) = 1,5$
Nur Q liegt auf der Geraden II.

d)

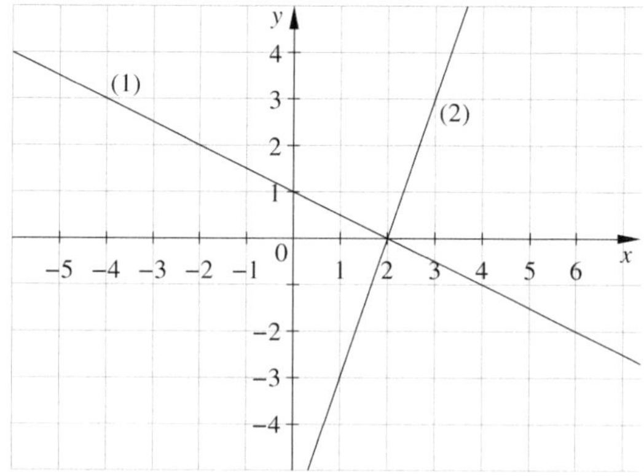

e) z.B. Gleichsetzen der Terme der nach y aufgelösten Gleichungen:
$-0,5x + 1 = 3x - 6$ $\qquad x = 2$
z.B. Einsetzen in Gleichung (2):
$y = 3 \cdot 2 - 6$ $\qquad y = 0$

f) $S(2 \mid 0)$

g) $\tan \alpha = m$
Gleichung (1): $\tan \alpha = -0,5$ $\qquad \alpha \approx -26,6°$
Der Winkel zwischen x-Achse und Gerade beträgt ca. 26,6°.
Gleichung (2): $\tan \alpha = 3$ $\qquad \alpha \approx 71,6°$
Der Winkel zwischen x-Achse und Gerade beträgt ca. 71,6°.

7 a) $(22,5 + 1,5) \cdot 1,5 = 36$
Carina hat Schuhgröße 36.

b) $y = (x + 1,5) \cdot 1,5$ bzw. $y = 1,5x + 2,25$
x: Fußlänge in cm $\qquad y$: Schuhgröße

c)

Fußlänge in cm	21	22	23	24	25	26	27
Schuhgröße	$33\frac{3}{4}$	$35\frac{1}{4}$	$36\frac{3}{4}$	$38\frac{1}{4}$	$39\frac{3}{4}$	$41\frac{1}{4}$	$42\frac{3}{4}$

Da bei der Fußlänge beliebige Werte (nicht nur volle Zentimeter) auftreten, ist es möglich, auch bei der Schuhgröße Zwischengrößen (z. B. Halbe, Viertel) zu betrachten und den Graphen im Diagramm als durchgezogene Linie darzustellen.

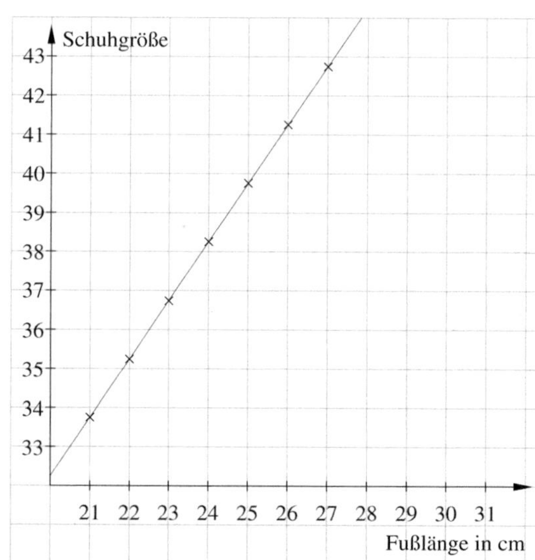

d) $63 = (x + 1{,}5) \cdot 1{,}5$
$42 = x + 1{,}5$
$x = 40{,}5$
Die Füße von Matthew McGrory sind 40,5 cm lang.

e) Der Stiefel wurde für 6,10 m = 610 cm lange Füße gefertigt.
$(610 + 1{,}5) \cdot 1{,}5 = 917{,}25$
Die Schuhgröße des Stiefels beträgt ca. 917.

SEITE 17

8 a) $f(x) = x - 1$ $g(x) = 3x + 2$

b) Funktion g

c) $x - 1 = 3x + 2$
$x = -1{,}5$
$f(-1{,}5) = g(-1{,}5) = -2{,}5$ $S(-1{,}5 \mid -2{,}5)$

d)

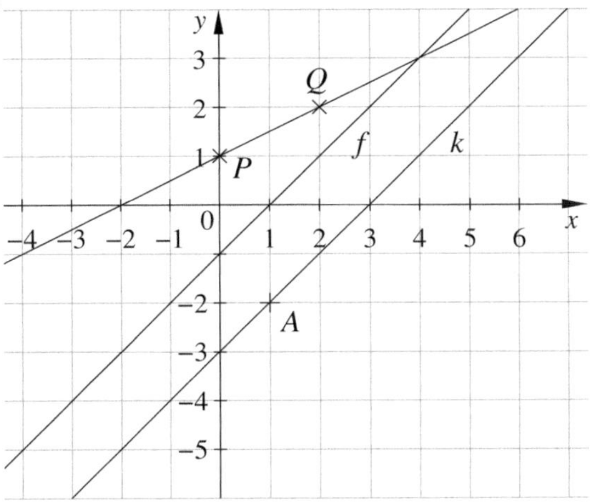

$k(x) = x - 3$

e) $l(x) = 3x - 1$

f) $0 = 3x_0 + 2$
$x_0 = -\frac{2}{3}$ $S_x(-\frac{2}{3} \mid 0)$
$g(0) = 2$ $S_y(0 \mid 2)$

g) $A = \frac{1}{2}ab = \frac{1}{2} \cdot 2\text{ LE} \cdot \frac{2}{3}\text{ LE} = \frac{2}{3}\text{ FE}$

h) siehe d)

9 a) Bei 20 min Parkzeit muss man keine Gebühr entrichten, bei 80 min 1 € und bei 150 min 2 €.

b)

Parkzeit	Gebühr
maximal 30 min	kostenfrei
mehr als 30 min bis 60 min	0,50 €
mehr als 60 min bis 120 min	1 €
mehr als 120 min bis 180 min	2 €

c) Man darf maximal 120 min parken, um nicht mehr als 1 € zu bezahlen.

d) Z.B. ist für jede weitere angefangene Stunde 1 € zusätzlich zu zahlen.

10 a) I: (4)   II: (2)   III: (5)   IV: (1)

b) $a = \frac{1}{2}$ $b = 6$ $d = -1$ $k = 6$

11 a) antiproportionale Zuordnung:
$4 \cdot 12 = 48$ $48 : 3 = 16$
Drei Maurer benötigen 16 Tage.

b) t: Zeit in Tagen   n: Anzahl der Arbeiter
$t(n) = \frac{48}{n}$
Es handelt sich um eine antiproportionale Zuordnung.

c) Nach drei Tagen würden die 4 Maurer noch 9 Tage benötigen.
1. Möglichkeit:
$4 \cdot 9 = 36$ $36 : 6 = 6$
6 Maurer brauchen für die Arbeit 6 Tage.
2. Möglichkeit:
$4 \cdot 9 = 36$ $t = \frac{36}{6} = 6$
Insgesamt: 3 Tage + 6 Tage = 9 Tage
Das Verputzen dauert nun 9 Tage.

QUADRATISCHE FUNKTIONEN UND GLEICHUNGEN

SEITE 18

TESTE DEINE GRUNDFERTIGKEITEN

	A	B	C	D
1	×	×		×
2	$x_{1,2} = -\frac{p}{2} \pm \sqrt{\left(\frac{p}{2}\right)^2 - q}$			
3	×		×	×
4 a			×	
4 b			×	
4 c		×		
5	×	×		×

6	×		×	×
7	Scheitelpunktform: $y = a(x + d)^2 + e$, wobei a, d, e konstant und $a \neq 0$ Allgemeine Form: $y = ax2 + bx + c$, wobei a,b,c konstant und $a \neq 0$			
8		×		
9	×		×	
10	$f(x) = (x + 2)^2$ $S(-2 \mid 0)$ $g(x) = x2 - 4$ $S(0 \mid -4)$ $h(x) = (x + 3)^2 + 2$ $S(-3 \mid 2)$ $i(x) = (x - 1)^2 - 1$ $S(1 \mid -1)$			
11	$x_1 = 2$ $x_2 = -2$			

Aufgaben zum Trainieren

1 a) $x^2 - 8x + 7 = 0$
$x_1 = 7 \quad x_2 = 1$
b) $c^2 - 6c - 56 = 0$
$c_1 = 3 + \sqrt{65} \approx 11{,}06 \quad c_2 = 3 - \sqrt{65} \approx -5{,}06$
c) $x^2 + 8x - 9 = 0$
$x_1 = 1 \quad x_2 = -9$
d) $a^2 + 4a = 0$
$a_1 = 0 \quad a_2 = -4$
e) $x^2 - \frac{7}{3}x + \frac{2}{3} = 0$
$x_1 = 2 \quad x_2 = \frac{1}{3}$
f) $x^2 - 7x + 12 = 0$
$x_1 = 4 \quad x_2 = 3$
g) $x^2 - 3x - 10 = 0$
$x_1 = 5 \quad x_2 = 2$
h) $x^2 + x = 0$
$x_1 = 0 \quad x_2 = -1$
i) $x^2 - 8x - 9 = 0$
$x_1 = 9 \quad x_2 = -1$
j) $x^2 - x + 2 = 0$
keine Lösung
k) $b^2 - 11b - 60 = 0$
$b_1 = 15 \quad b_2 = -4$

2 a) $x^2 = 5x$
$x_1 = 0 \quad x_2 = 5$
Die gesuchte Zahl kann 0 oder 5 sein.
b) a: Kantenlänge in cm
$A_O = 6a^2 = 37{,}5$
$a^2 = 6{,}25$
$a_1 = 2{,}5 \quad a_2 = -2{,}5$
a_2 ist keine praxisrelevante Lösung, da die Kantenlänge positiv sein muss.
Die Kantenlänge beträgt 2,5 cm.
c) $x \cdot (x + 10) = 704$
$x^2 + 10x - 704 = 0$
$x_{1/2} = -5 \pm \sqrt{729} \quad x_1 = 22 \quad x_2 = -32$
x_2 ist keine natürliche Zahl.
Die gesuchte natürliche Zahl lautet 22.
d) $x^2 + 7x = 8$
$x^2 + 7x - 8 = 0$
$x_{1/2} = -3{,}5 \pm \sqrt{20{,}25} \quad x_1 = 1 \quad x_2 = -8$
x_2 ist keine natürliche Zahl.
Die gesuchte natürliche Zahl lautet 1.
e) a: Länge der kürzeren Seite in cm
$A = ab = a(a + 5) = 218{,}75$
$a^2 + 5a - 218{,}75 = 0$
$a_{1/2} = -2{,}5 \pm \sqrt{225} \quad a_1 = 12{,}5 \quad a_2 = -17{,}5$
a_2 ist keine praxisrelevante Lösung, da die Seitenlänge positiv sein muss.
längere Seite: 12,5 cm + 5 cm = 17,5 cm
Die Seiten sind 12,5 cm und 17,5 cm lang.
f) a: Länge der kürzeren Kathete in cm
$A = \frac{1}{2}ab = \frac{1}{2}a(a + 16) = 40$
$a^2 + 16a - 80 = 0$
$a_{1/2} = -8 \pm \sqrt{144} \quad a_1 = 4 \quad a_2 = -20$
a_2 ist keine praxisrelevante Lösung, da die Kathetenlänge positiv sein muss.
längere Kathete: 4 cm + 16 cm = 20 cm
Die Katheten sind 4 cm und 20 cm lang.

3 a) $(-1)^2 + 12 \cdot (-1) - t = 0 \quad t = -11$
$x^2 + 12x + 11 = 0$
$x_2 = -1$
b) z.B. $x^2 = 16$
c) für $a > 0$

4 a) Fläche des Grundstücks:
$A = ab = 80\text{ m} \cdot 60\text{ m} = 4800\text{ m}^2$
x: Breite der Parkstreifen in m
Fläche des Supermarktes:
$4800 : 2 = (80 - x) \cdot (60 - x)$
$2400 = 4800 - 140x + x^2$
$x^2 - 140x + 2400 = 0$
$x_{1/2} = 70 \pm \sqrt{2500} \quad x_1 = 120 \quad x_2 = 20$
x_1 ist keine praxisrelevante Lösung, da die Breite kleiner als 60 m sein muss.
Der Parkstreifen ist 20 m breit.
b) Fläche zum Abstellen der Autos:
$W = p \cdot \frac{G}{100} = 60 \cdot \frac{2400\text{ m}^2}{100} = 1440\text{ m}^2$
Annahme für die Fläche eines Stellplatzes:
$5\text{ m} \cdot 2{,}5\text{ m} = 12{,}5\text{ m}^2$
Anzahl der Stellplätze:
$1440\text{ m}^2 : 12{,}5\text{ m}^2 = 115{,}2$
Auf dem Parkplatz können etwa 115 Autos parken.
c) Fläche mit Pflastersteinen:
$W = p \cdot \frac{G}{100} = 30 \cdot \frac{2400\text{ m}^2}{100} = 720\text{ m}^2$
Kosten der Pflastersteine: 720 · 40 € = 28 800 €
Fläche mit Rasengittersteinen:
$2400\text{ m}^2 - 720\text{ m}^2 = 1680\text{ m}^2$
Kosten der Rasengittersteine:
1680 · 35 € = 58 800 €
Gesamtkosten: 28 800 € + 58 800 € = 87 600 €
Es sind 87 600 € einzuplanen.

5 a) Der kleinste Funktionswert wird im Scheitelpunkt $S(2 \mid -5)$ angenommen und beträgt $y = -5$.
b) Wertebereich: $y \in \mathbb{R}, y \geq -5$
c) $f(-1) = (-1 - 2)^2 - 5 = 4$
d) $0 = (x - 2)^2 - 5$
$x_1 = 2 + \sqrt{5} \approx 4{,}24 \quad x_2 = 2 - \sqrt{5} \approx -0{,}24$
e) Die Parabel muss um 5 Einheiten nach oben verschoben werden, damit ihr Scheitelpunkt auf der x-Achse liegt.
$y = (x - 2)^2$
f) $(x - 2)^2 - 5 = x^2 - 2x + 2$
$x = -1{,}5 \quad S(-1{,}5 \mid 7{,}25)$

6 a) $V = \pi r^2 h = \pi \cdot (4\text{ dm})^2 \cdot 12\text{ dm} \approx 603\text{ l}$
Die Tonne fasst maximal ca. 603 l.

b) $h = \frac{V}{\pi r^2} = \frac{0{,}4\text{m}^3}{\pi \cdot (0{,}4\text{m})^2} \approx 0{,}796$ m

Das Wasser steht ca. 79,6 cm hoch.

c) Plattenfläche: $A = a^2$

Seitenlänge: $a = \sqrt{A} = \sqrt{0{,}8\text{m}^2} \approx 0{,}894$ m

überragende Länge an den Seitenmitten:

$\frac{a-d}{2} \approx \frac{89{,}4 \text{ cm} - 80 \text{ cm}}{2} = 4{,}7$ cm

Die Platte ragt mindestens ca. 4,7 cm über den Tonnenrand hinaus.

d) Deckelradius: $r = 44$ cm.

Deckelfläche:

$A = \pi r^2 = \pi \cdot (0{,}44 \text{ m})^2 \approx 0{,}608 \text{ m}^2$

Flächendifferenz:

$0{,}8 \text{ m}^2 - 0{,}608 \text{ m}^2 = 0{,}192 \text{ m}^2$

Abfall in %: $p = \frac{W}{G} \cdot 100 \approx \frac{0{,}192\text{m}^2}{0{,}8\text{m}^2} \cdot 100 = 24$

Der Abfall beträgt ca. 24 %.

e) $V \approx 1206$ l

$r = \sqrt{\frac{V}{\pi h}} \approx \sqrt{\frac{1206\text{dm}^3}{\pi \cdot 12\text{dm}}} \approx 5{,}66$ dm

Der neue Durchmesser beträgt ca. 1,13 m.

7 a) $y = (x+2)^2 + 5$

b) Scheitelpunkt: $S(2 \mid -1)$ $y = (x-2)^2 - 1$

c) Scheitelpunkt: $S(-3 \mid 0)$ $y = (x+3)^2$

d) Scheitelpunkt: $S(1 \mid 2)$ $y = (x-1)^2 + 2$

e) $y = x^2 + px + q$

(1) $17 = 3^2 + 3p + q$

(2) $2 = (-2)^2 - 2p + q$

z.B. Subtraktion der Gleichung (2) von (1):

$15 = 5 + 5p$

$p = 2$

z.B. Einsetzen in Gleichung (1):

$17 = 3^2 + 3 \cdot 2 + q$

$q = 2$ $y = x^2 + 2x + 2$

8 a)

x	−3	−2	−1	0	1	2	3
$f(x)$	4,5	2	0,5	0	0,5	2	4,5
$g(x)$	−6	−1	2	3	2	−1	−6

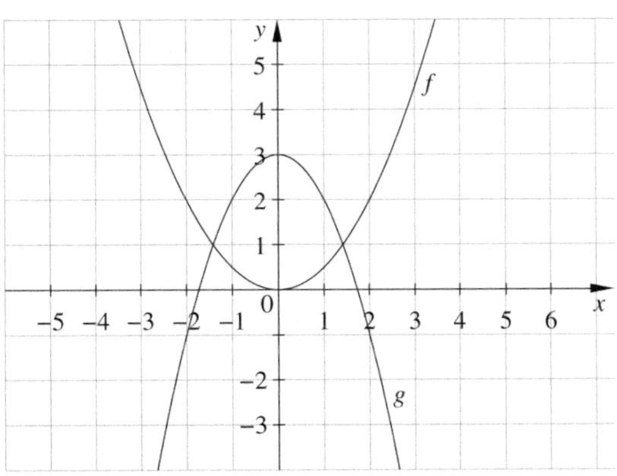

b) Der Graph von f ist gestaucht in y-Richtung, der Graph von g ist gespiegelt an der x-Achse und verschoben um 3 Einheiten nach oben.

c) f: $0 = 0{,}5x^2$

$x = 0$

g: $0 = -x^2 + 3$

$x^2 = 3$

$x_1 = \sqrt{3} \approx 1{,}73$ $x_2 = -\sqrt{3} \approx -1{,}73$

d) $0{,}5x^2 = -x^2 + 3$

$x^2 = 2$

$x_1 = \sqrt{2} \approx 1{,}41$ $x_2 = -\sqrt{2} \approx -1{,}41$

$f(\sqrt{2}) = g(\sqrt{2}) = 1$ $S_1(\sqrt{2} \mid 1)$

$f(-\sqrt{2}) = g(-\sqrt{2}) = 1$ $S_2(-\sqrt{2} \mid 1)$

Seite 21

9 a) $f(x)$: $(2 \mid 0)$; $(3 \mid 0)$ und $(0 \mid 6)$

$g(x)$: $(1{,}4 \mid 0)$ und $(0 \mid 7)$

b) $g(x)$ ist eine monoton fallende Gerade, die die x-Achse an der Stelle 1,4 und die y-Achse an der Stelle 7 schneidet

$f(x)$ ist eine nach oben offene verschoben Normalparabel. $f(x)$ schneidet die x-Achse an den Stellen 2 und 3 und die y-Achse an der Stelle 6. $f(x)$ ist monoton fallend für $x < 2{,}5$ und monoton steigend für $x > 2{,}5$.

10 Radius: 30 cm

Ist eine Einheit 1 cm lang, muss die Parabel den Punkt $(30 \mid 6)$ enthalten.

$6 = a \cdot 30^2$

$a = \frac{1}{150}$ $y = \frac{1}{150}x^2$

11 a)

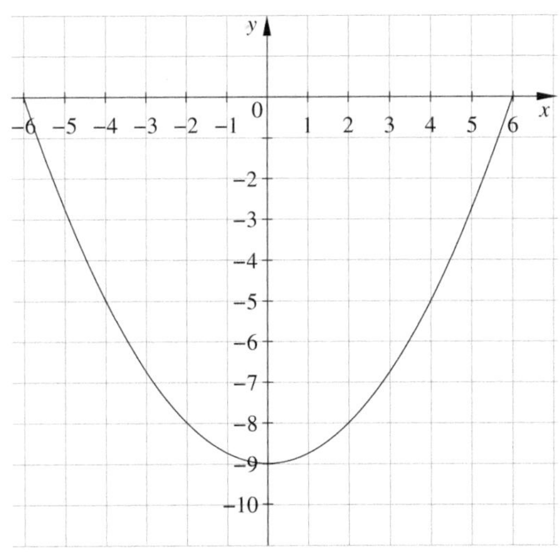

b) $f(0) = -9$

Die Rinne ist 9 cm tief.

c) Die Breite der Rinne ergibt sich aus dem Abstand der Nullstellen von f.

$0 = 0{,}25x^2 - 9$

$x^2 = 36$ $x_1 = 6$ $x_2 = -6$

Die Rinne ist 12 cm breit.

d) Die Wasseroberfläche liegt bei $y = -5$.

$-5 = 0{,}25x^2 - 9$

$x^2 = 16$ $x_1 = 4$ $x_2 = -4$

Die Entfernung beträgt 2 cm.

e) Die Wasseroberfläche liegt bei $y = -4{,}5$.
$-4{,}5 = 0{,}25x^2 - 9$
$x^2 = 18$
$x_1 = \sqrt{18} \approx 4{,}24 \quad x_2 = -\sqrt{18} \approx -4{,}24$
Breite der Wasseroberfläche: $\approx 8{,}48$ cm
$A = ab \approx 500 \text{ cm} \cdot 8{,}48 \text{ cm} = 4240 \text{ cm}^2$
Die Wasseroberfläche ist ca. 4240 cm² groß.

12 a) Die Parabel ist nach unten geöffnet.

b) Die Enden des Brückenbogens befinden sich bei $x = -18$ und $x = 18$.
$f(-18) = f(18) = -36$
Die Brücke ist 36 m hoch.

c) $f(-12) = f(12) = -16$
Länge der Stützen: 36 m – 16 m = 20 m
Die Stützen sind 20 m lang.

d) $y = -\frac{1}{9}x^2 + 36$

Potenzen, Wurzeln und Logarithmen

Seite 22

Teste deine Grundfertigkeiten

	A	B	C	D
1		×	×	
	$A: a^m \cdot a^n = a^{m+n}$	$B: \frac{a^m}{a^n} = a^{m-n}$	$C: a^m \cdot b^m = (a \cdot b)^m$	$D: \frac{a^m}{a^n} = a^{m-n}$
2		×	×	
3	×	×		×
4		×	×	×
5		×		×
6	×	×	×	×
7	×			×
8 a		×	×	
8 b				×
9	$x = 4$	$x = 3$	$x = -3$	$x = -2$
10	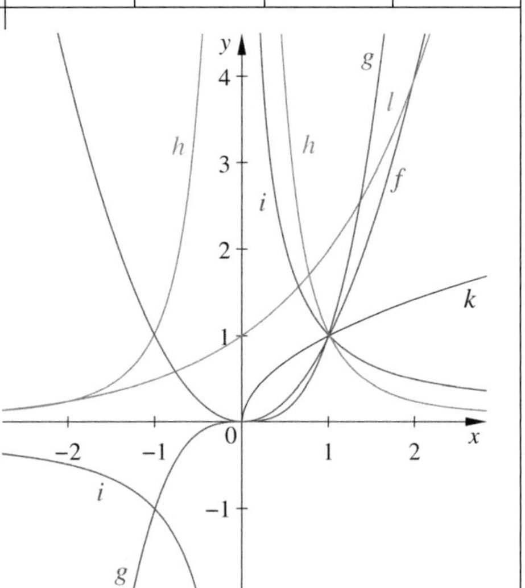			

Seite 23

Aufgaben zum Trainieren

1 a) $L = \{2\}$
b) $L = \{45\}$
c) $L = \{2\}$
d) $L = \{8\}$

2 a) Mit jeder Faltung verdoppelt sich die Dicke des Papiers. Nach 4 Faltungen ist es 2 mm, nach 5 Faltungen 4 mm und nach x Faltungen 2^{x-3} mm dick.
Dicke nach 15 Faltungen:
$2^{15-3} \text{ mm} = 2^{12} \text{ mm} = 4096 \text{ mm} = 4{,}096 \text{ m}$
Nach 15 Faltungen (in der Praxis sicherlich nicht möglich) wäre das Papier ca. 4,1 m dick.

b) Quader: $V = abc = 2 \text{ m} \cdot 3 \text{ m} \cdot 4 \text{ m} = 24 \text{ m}^3$
Würfel: $V = 3 \cdot 24 \text{ m}^3 = 72 \text{ m}^3$
a: Kantenlänge des Würfels $\quad V = a^3$
$a = \sqrt[3]{V} = \sqrt[3]{72 \text{ m}^3} \approx 4{,}16 \text{ m} = 416 \text{ cm}$
Die Kantenlänge des Würfels beträgt ca. 416 cm.
Oberflächeninhalt des Würfels:
$A = 6 \cdot a^2 = 6 \cdot 4{,}16 \text{ m}^2 = 103{,}84 \text{ m}^2$
Der Oberflächeninhalt beträgt rund 103,84 m².
Oberflächeninhalt des Quader:
$A = 2 \cdot (ab + bc + ac) = 2 \cdot 26 \text{ m}^2 = 52 \text{ m}^2$
Der Oberflächeninhalt beträgt 52 m².

c) Flächeninhalt des Fotos:
$A = ab$
Flächeninhalt des vergrößerten Fotos:
$A = ka \cdot kb \qquad k$: Vergrößerungsfaktor
Berechnung von k:
$3ab = ka \cdot kb \qquad k^2 = 3 \qquad k \approx 1{,}732$
Berechnung des Prozentwertes p:
$p = 1{,}732 \cdot 100 = 173{,}2 \approx 173$
Norman muss also 173 % einstellen.

3 a) t steht für die Anzahl der Jahre.
$K(t)$ steht für das Kapital nach t Jahren.
$K(14) = 2000 \text{ €} \cdot (1 + \frac{3{,}5}{100})^{14} \approx 3237{,}39 \text{ €}$
$K(16) = 2000 \text{ €} \cdot (1 + \frac{3{,}5}{100})^{16} \approx 3467{,}97 \text{ €}$
$K(18) = 2000 \text{ €} \cdot (1 + \frac{3{,}5}{100})^{18} \approx 3714{,}98 \text{ €}$

b) Guthaben nach 18 Jahren bei 3,9 % Zinsen:
$2000 \text{ €} \cdot (1 + \frac{3{,}9}{100})^{18} \approx 3982{,}08 \text{ €}$
Differenz: 3982,08 € – 3714,98 € = 267,10 €
Antje hätte 267,10 € mehr an Guthaben.

4 a) $P(x) = 0{,}85 \cdot 1{,}05^{x-1992}$
x: Jahreszahl $\qquad y = P$: Preis in Euro

b) $P(2004) = 0{,}85 \cdot 1{,}05^{2004-1992} = 1{,}53$
Das Brot würde 2004 1,53 € kosten.

c) $P(2010) = 0{,}85 \cdot 1{,}05^{2010-1992} = 2{,}05$
Das Brot würde 2010 2,05 € kosten.

d) $1{,}14 = 0{,}85 \cdot 1{,}05^{x-1992}$ $\quad x = 1998$
Im Jahr 1998 kostet das Brot 1,14 €.

e) $y = 0{,}85 \cdot k^{12}$ $\quad k$: Preisanstieg
$1{,}04 = 0{,}85 \cdot k^{12}$ $\quad k^{12} \approx 1{,}2235$
$k \approx 1{,}01695$

5 a) h b) f c) j
d) g e) g, k f) j

6 a)

x	1	−1	2	−2
$f(x)$	1	−1	8	4
$g(x)$	1	—	$\sqrt[3]{2}$	—
$h(x)$	1	—	$^{-3}\sqrt{2}$	—
$i(x)$	−0,5	0,5	−4	4
$k(x)$	3	0,33	9	0,11

h ist für negative Argumente nicht definiert.

b) f: $10 = x^3$
$x = \sqrt[3]{10}$
g: $10 = \sqrt[3]{x}$
$x = 1000$
h: $10 = ^{-3}\sqrt{x}$
$x = 0{,}001$
i: $10 = -0{,}5\,x^3$
$x = -\sqrt[3]{20}$
k: $10 = 3^x$
$x = \log_3 10 = \ln 10 : \ln 3$

c)

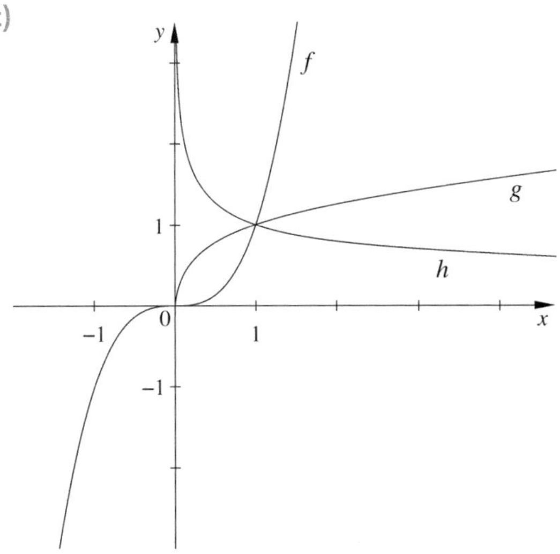

d) f: $x_0 = 0$ $\quad g$: $x_0 = 0$ $\quad i$: $x_0 = 0$
i, k: keine Nullstelle

e)

	Definitionsbereich	Wertebereich
f	$x \in$ IR	$y \in$ IR
g	$x \in$ IR, $x \geq 0$	$y \in$ IR, $y \geq 0$
h	$x \in$ IR, $x \geq 0$	$y \in$ IR, $y > 0$
i	$x \in$ IR	$y \in$ IR
k	$x \in$ IR	$y \in$ IR, $y > 0$

f) f_1 :durch Verschiebung um eine Einheit nach unten
f_2 :durch Verschiebung um eine Einheit nach rechts

g) $h^{-1}(x) = x^{-3}$

Dreiecke und Winkelfunktionen

Seite 24

Teste deine Grundfertigkeiten

	A	B	C	D
1		×	×	×
2	×			
3 a	×			
3 b			×	×
3 c		×	×	
4	×		×	×
5	×		×	
6	×			×
7	×	×		
8	×	×		
9	×		×	

Seite 25

Aufgaben zum Trainieren

1 a)

x in Grad	0	45	90	135	180	270	360
$\sin x$	0	0,71	1	0,71	0	−1	0

x in rad	0	$\frac{\pi}{4}$	$\frac{\pi}{2}$	$\frac{3}{4}\pi$	π	$\frac{3}{2}\pi$	2π
$2 \sin x$	0	1,42	2	1,42	0	−2	0

(Werte auf zwei Dezimalstellen gerundet)

b)

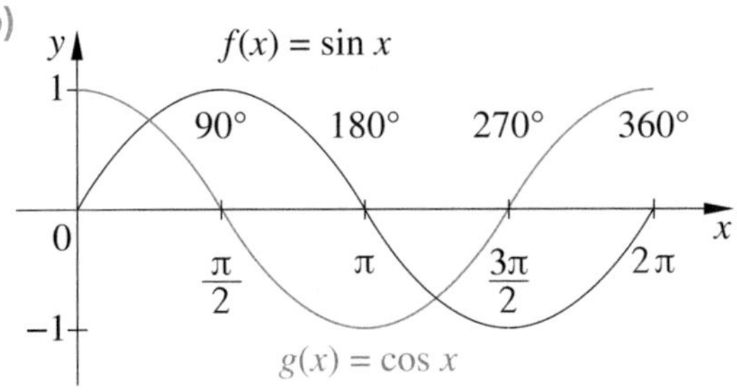

c) Definitionsbereich für f und g : $x \in \mathbb{R}$
Wertebereich für f und g: $y \in \mathbb{R}$; $-1 \leq y \leq 1$

d) Beide Funktionen sind periodisch mit der Periode 360° bzw. 2π. Bei $f(x)$ befinden sich im Intervall $0° \leq x \leq 360°$ bzw. $0 \leq x \leq 2\pi$

Nullstellen bei 0°, 180° und 360° bzw. bei 0, π und 2π, ein Maximum bei 90° bzw. $\frac{\pi}{2}$ und ein Minimum bei 270° bzw. $\frac{3}{2}\pi$. Bei sind die entsprechenden Werte um 90° bzw. . $\frac{\pi}{2}$ nach rechts verschoben.

e) $\sin x = \cos x$ bei 45° und 225° bzw.bei $\frac{\pi}{4}$ und $\frac{5\pi}{4}$

f) $f_1(x)$: wie $f(x)$, aber Wertebereich zwischen –2 und 2

$f_2(x)$: wie $f(x)$ an der x-Achse gespiegelt und Wertebereich zwischen $-\frac{1}{2}$ und $\frac{1}{2}$

$f_3(x)$: $f(x)$ um zwei Einheiten nach oben verschoben

$f_4(x)$: $f(x)$ um zwei Einheiten nach rechts verschoben

$f_5(x)$: wie $f(x)$, aber halbe Periodenlänge

2 a) keine Lösung

b) $x_1 \approx 23{,}6°$ $\quad x_2 \approx 180 - 23{,}6° = 156{,}4°$

c) $x \approx 101{,}5°$

d) $x \approx 45{,}6°$

e) $x \approx -16{,}7° + 180° = 163{,}3°$

f) $x \approx 80{,}2°$

g) keine Lösung

h) keine Lösung

3 a) α: Steigungswinkel

$\tan\alpha = \frac{12\text{ m}}{100\text{ m}} = 0{,}12 \qquad \alpha \approx 6{,}84°$

Der Steigungswinkel beträgt ca. 6,84°.

b) x sei die halbe Basislänge der gleichschenkligen Dreiecke.

$\cos\alpha = \frac{x}{2\text{ m}}$

$x = 2\text{ m} \cdot \cos\alpha = 2\text{ m} \cdot \cos 41{,}4° \approx 1{,}5\text{ m}$

Brückenlänge: $d = 6 \cdot x \approx 6 \cdot 1{,}5\text{ m} = 9\text{ m}$

Die Brücke ist ca. 9 m lang.

c) Fahrtstrecke: $s = v \cdot t = 2\,\frac{\text{m}}{\text{s}} \cdot 600\text{ s} = 1200\text{ m}$.

Die Seilbahn legt 1200 m zurück.

h: Höhenunterschied $\qquad \sin 20° = \frac{h}{s}$

$h = s \cdot \sin 20° = 1200\text{ m} \cdot \sin 20° \approx 410\text{ m}$

Die Seilbahn überwindet einen Höhenunterschied von ca. 400 m.

d) $\overline{AB}^2 = \overline{CA}^2 + \overline{CB}^2 - 2\,\overline{CA} \cdot \overline{CB} \cdot \cos\gamma$

$\overline{AB}^2 = (620\text{ m})^2 + (480\text{ m})^2 - 2 \cdot 620\text{ m} \cdot 480\text{ m} \cdot \cos 45{,}5°$

$\overline{AB}^2 \approx 197619\text{ m}^2$

$\overline{AB} \approx \sqrt{197619\text{ m}^2} \approx 445\text{ m}$

Der Abstand zwischen den Punkten A und B beträgt ca. 445 m.

4 a) $c^2 = (h - a)^2 = a^2 + b^2$

$b = \sqrt{c^2 - a^2} = \sqrt{(9{,}35\text{ m})^2 - (2{,}15\text{ m})^2}$

$b \approx 9{,}10\text{ m}$

b) $c^2 = (h - a)^2 = a^2 + b^2$

$h = \sqrt{a^2 + b^2} = \sqrt{(6{,}5\text{ m})^2 + (10{,}5\text{ m})^2} + 6{,}5\text{ m}$

$h \approx 18{,}85\text{ m}$

SEITE 26

5 a) (1) $c^2 = a^2 + b^2$

$c = \sqrt{a^2 + b^2} = \sqrt{(6\text{ cm})^2 + (8\text{ cm})^2}$

$c = 10\text{ cm}$

$\tan\alpha = \frac{a}{b} = \frac{6\text{ cm}}{8\text{ cm}} = 0{,}75 \qquad \alpha \approx 36{,}9°$

$\beta = 90° - \alpha \approx 90° - 36{,}9° = 53{,}1°$

(2) $c^2 = a^2 + b^2$

$b = \sqrt{c^2 - a^2} = \sqrt{(9\text{ m})^2 - (7\text{ m})^2} \approx 5{,}66\text{ m}$

$\sin\alpha = \frac{a}{c} = \frac{7\text{ m}}{9\text{ m}} \approx 0{,}778 \qquad \alpha \approx 51{,}1°$

$\beta = 90° - \alpha \approx 90° - 51{,}1° = 38{,}9°$

(3) $\beta = 90° - \alpha = 90° - 35° = 55°$

$\sin\alpha = \frac{a}{c}$

$a = c \cdot \sin\alpha = 12\text{ m} \cdot \sin 35° \approx 6{,}88\text{ m}$

$\cos\alpha = \frac{b}{c}$

$b = c \cdot \cos\alpha = 12\text{ m} \cdot \cos 35° \approx 9{,}83\text{ m}$

(4) $\alpha = 90° - \beta = 90° - 65° = 25°$

$\tan\beta = \frac{b}{a} \qquad a = \frac{b}{\tan\beta} = \frac{7\text{ km}}{\tan 65°} \approx 3{,}26\text{ km}$

$\sin\beta = \frac{b}{c} \qquad c = \frac{b}{\sin\beta} = \frac{7\text{ km}}{\sin 65°} \approx 7{,}72\text{ km}$

b) (1) $c^2 = a^2 + b^2 - 2ab \cdot \cos\gamma$

$c^2 = (6\text{ cm})^2 + (8\text{ cm})^2 - 2 \cdot 6\text{ cm} \cdot 8\text{ cm} \cdot \cos 50°$

$c^2 \approx 38{,}3\text{ cm}^2$

$c \approx \sqrt{38{,}3\text{ cm}^2} \approx 6{,}19\text{ cm}$

$\frac{a}{\sin\alpha} = \frac{c}{\sin\gamma} \qquad \sin\alpha = a \cdot \frac{\sin\gamma}{c}$

$\sin\alpha \approx 6\text{ cm} \cdot \frac{\sin 50°}{6{,}19\text{ cm}} \approx 0{,}743 \qquad \alpha \approx 48{,}0°$

$\beta \approx 180° - 48{,}0° - 50° = 82{,}0°$

(2) $\frac{a}{\sin\alpha} = \frac{c}{\sin\gamma}$

$\sin\gamma = c \cdot \frac{\sin\alpha}{a} = 9\text{ mm} \cdot \frac{\sin 40°}{7\text{ mm}} \approx 0{,}826$

γ kann spitz oder stumpf sein.

$\gamma_1 \approx 55{,}7°$

$\gamma_2 \approx 180° - 55{,}7° = 124{,}3°$

$\beta_1 \approx 180° - 40° - 55{,}7° = 84{,}3°$

$\beta_2 \approx 180° - 40° - 124{,}3 = 15{,}7°$

$\frac{a}{\sin\alpha} = \frac{b}{\sin\beta} \qquad b = \sin\beta \cdot \frac{a}{\sin\alpha}$

$b_1 \approx \sin 84{,}3° \cdot \frac{7\text{ mm}}{\sin 40°} \approx 10{,}84\text{ mm}$

$b_2 \approx \sin 15{,}7° \cdot \frac{7\text{ mm}}{\sin 40°} \approx 2{,}95\text{ mm}$

(3) $\gamma = 180° - 35° - 60° = 85°$

$\frac{a}{\sin\alpha} = \frac{c}{\sin\gamma}$

$a = \sin\alpha \cdot \frac{c}{\sin\gamma} = \sin 35° \cdot \frac{12\text{ m}}{\sin 85°} \approx 6{,}91\text{ m}$

$\frac{b}{\sin\beta} = \frac{c}{\sin\gamma}$

$b = \sin\beta \cdot \frac{c}{\sin\gamma} = \sin 60° \cdot \frac{12\text{ m}}{\sin 85°} \approx 10{,}43\text{ m}$

(4) $\alpha = 180° - 65° - 36° = 79°$

$\frac{a}{\sin\alpha} = \frac{b}{\sin\beta}$

$a = \sin\alpha \cdot \frac{b}{\sin\beta} = \sin 79° \cdot \frac{7\text{ km}}{\sin 65°}$

$\approx 7{,}58\text{ km}$

$$\frac{c}{\sin\gamma} = \frac{b}{\sin\beta}$$

$$c = \sin\gamma \cdot \frac{b}{\sin\beta} = \sin 36° \cdot \frac{7\text{ km}}{\sin 65°} \approx 4{,}54\text{ km}$$

6 a) α: Neigungswinkel
$\tan\alpha = \frac{5\text{ m}}{2\text{ m}} = 2{,}5$ $\alpha \approx 68{,}2°$
Der Neigungswinkel muss ca. 68,2° betragen.

b) e: Entfernung $\tan 52° = \frac{e}{2\text{ m}}$
$e = 2\text{ m} \cdot \tan 52° \approx 2{,}56\text{ m}$
Die Lampe geht bei einer Entfernung von ca. 2,56 m an.

c) e: Entfernung $\tan 52° = \frac{e}{1{,}80\text{ m}}$
$e = 1{,}80\text{ m} \cdot \tan 52° \approx 2{,}30\text{ m}$
Die Lampe geht bei einer Entfernung von ca. 2,30 m an.

7 a) Maßstab 1 : 50

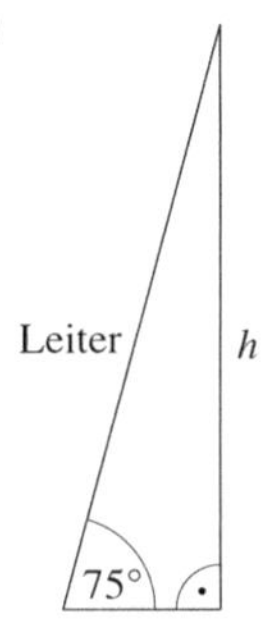

$\sin 75° = \frac{h}{2\text{ m}}$ $h = 2\text{ m} \cdot \sin 75° \approx 1{,}93\text{ m}$
Die Leiter reicht bis zu einer Höhe von ca. 1,93 m.

b) Maßstab: 1 : 10 000

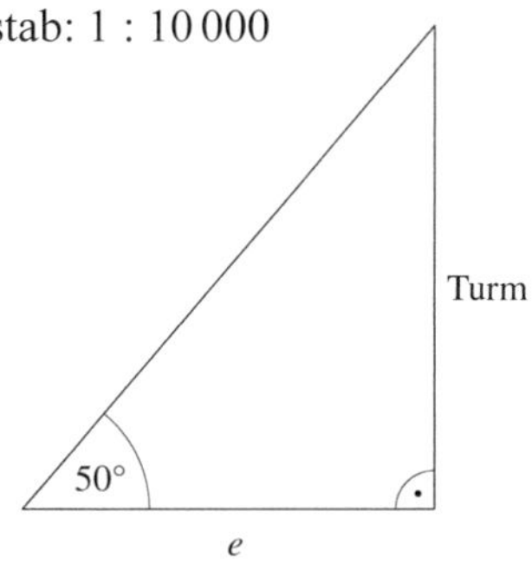

$\tan 50° = \frac{370\text{ m}}{e}$ $e = \frac{370\text{ m}}{\tan 50°} \approx 310\text{ m}$
In einer Entfernung von ca. 310 m erscheint der Turm unter einem Höhenwinkel von 50°.

c) d: Diagonale des Rechtecks
$d^2 = (130\text{ cm})^2 + (85\text{ cm})^2$
$d = \sqrt{(130\text{ cm})^2 + (85\text{ cm})^2} \approx 155\text{ cm}$
Da die Diagonale des Rechtecks länger ist als der Durchmesser des Tischtuches, lässt sich ein solches Rechteck nicht aus dem Tischtuch herausschneiden.

d) h: Höhe des Hakens über der Bildoberkante
$(\frac{1{,}40\text{ m}}{2})^2 = h^2 + (\frac{1{,}20\text{ m}}{2})^2$
$h = \sqrt{(\frac{1{,}40\text{ m}}{2})^2 - (\frac{1{,}20\text{ m}}{2})^2} \approx 0{,}36\text{ m}$
Höhe über dem Fußboden:
$1{,}50\text{ m} + 0{,}50\text{ m} + 0{,}36\text{ m} = 2{,}36\text{ m}$
Frau Mayer muss den Haken ca. 2,36 m über dem Fußboden anbringen.

8 a) $A = \frac{1}{2} a h_S = \frac{1}{2} \cdot 5\text{ cm} \cdot 6\text{ cm} = 15\text{ cm}^2$

b) $s^2 = (\frac{a}{2})^2 + {h_S}^2$
$s = \sqrt{(\frac{a}{2})^2 + {h_S}^2} = \sqrt{(\frac{5\text{ cm}}{2})^2 + (6\text{ cm})^2} = 6{,}5\text{ cm}$

c) ${h_S}^2 = h^2 + (\frac{a}{2})^2$ $h = \sqrt{{h_S}^2 - (\frac{a}{2})^2}$
$h = \sqrt{(6\text{ cm})^2 - (\frac{5\text{ cm}}{2})^2} \approx 5{,}45\text{ cm}$

Seite 27

9 a) Höhe, in der die Seile befestigt werden:
$h = \frac{2}{3} \cdot 33\text{ m} = 22\text{ m}$
s: Länge eines Seiles
$s^2 = h^2 + (10\text{ m})^2$ $s = \sqrt{h^2 + (10\text{ m})^2}$
$s = \sqrt{(22\text{ m})^2 + (10\text{ m})^2} \approx 24{,}17\text{ m}$
Ein Seil ist ca. 24,2 m lang.
Länge von vier Seilen: $4 \cdot 24{,}17\text{ m} = 96{,}68\text{ m}$
Die Gesamtlänge der Seile beträgt ca. 97,7 m.

b) zusätzliche Seillänge:
$W = p \cdot \frac{G}{100} \approx 5 \cdot \frac{96{,}68\text{ m}}{100} \approx 4{,}83\text{ m}$
Gesamtlänge: $96{,}68\text{ m} + 4{,}83\text{ m} = 101{,}51\text{ m}$
Es müssen ca. 101,5 m Seil gekauft werden.

c) Diagonale des Quadrats: $e = 2 \cdot 10\text{ m} = 20\text{ m}$
a: Seitenlänge $e = a\sqrt{2}$ $a = \frac{e}{\sqrt{2}}$
Fläche: $A = a^2 = (\frac{e}{\sqrt{2}})^2 = (\frac{20\text{ m}}{\sqrt{2}})^2 = 200\text{ m}^2$
Für 200 m² muss Grassamen gekauft werden.

10 a) $\overline{EC}^2 = (1{,}8\text{ km})^2 + (2{,}5\text{ km})^2$
$\overline{EC} = \sqrt{(1{,}8\text{ km})^2 + (2{,}5\text{ km})^2} \approx 3{,}08\text{ km}$
$\overline{AC} \approx 0{,}8\text{ km} + 3{,}08\text{ km} = 3{,}88\text{ km}$
δ sei Winkel bei C zwischen $\overline{EC}$ und der 2,5 km langen Strecke.
$\tan\delta = \frac{1{,}8\text{ km}}{2{,}5\text{ km}} = 0{,}72$ $\delta \approx 35{,}8°$

B sei der Punkt der Richtungsänderung des Weges rechts unten in der Zeichnung.
γ sei der Winkel bei C zwischen $\overline{EC}$ und der 3,3 km langen Strecke $\overline{BC}$.
$\gamma = 180° - 120° - \delta \approx 24{,}2°$
$\overline{AB}^2 = \overline{AC}^2 + \overline{BC}^2 - 2 \cdot \overline{AC} \cdot \overline{BC} \cdot \cos\gamma$
$\overline{AB}^2 \approx (3{,}88\text{ km})^2 + (3{,}3\text{ km})^2 -$
$2 \cdot 3{,}88\text{ km} \cdot 3{,}3\text{ km} \cdot \cos 24{,}2°$
$\overline{AB}^2 \approx 2{,}59\text{ km}^2$
$\overline{AB} \approx \sqrt{2{,}59\text{ km}^2} \approx 1{,}61\text{ km}$

Weg über B: $1{,}61\text{ km} + 3{,}3\text{ km} = 4{,}91\text{ km}$
Weg über E:
$0{,}8\text{ km} + 1{,}8\text{ km} + 2{,}5\text{ km} = 5{,}1\text{ km}$
Der Weg über B ist mit ca. 4,9 km kürzer als der andere Weg über E mit 5,1 km.

b) Rundweg: $s \approx 5{,}1\text{ km} + 4{,}9\text{ km} = 10\text{ km}$
$v = \frac{s}{t}$ $t = \frac{s}{v} \approx \frac{10\text{ km}}{4\,\frac{\text{km}}{\text{h}}} = 2{,}5\text{ h}$

Eine Wanderung um den See würde etwa 2,5 Stunden dauern.

11a) abgeknickter Teil:

$12{,}50\text{ m} - 2{,}15\text{ m} = 10{,}35\text{ m}$

e: Abstand der Spitze vom Stamm

$(10{,}35\text{ m})^2 = e^2 + (2{,}15\text{ m})^2$

$e = \sqrt{(10{,}35\text{ m})^2 - (2{,}15\text{ m})^2} \approx 10{,}12\text{ m}$

Die Spitze berührt den Boden ca. 10,12 m vom Stamm entfernt.

b) s: Länge des abgeknickten Teils

$s^2 = (10{,}5\text{ m})^2 + (6{,}5\text{ m})^2$

$s = \sqrt{(10{,}5\text{ m})^2 + (6{,}5\text{ m})^2} \approx 12{,}35\text{ m}$

ursprüngliche Tannenhöhe:

$6{,}5\text{ m} + 12{,}35\text{ m} = 18{,}85\text{ m}$

Die Tanne war zuvor ca. 18,85 m hoch.

12 a) Fläche des Dreiecks BCD:

$A = \frac{1}{2}\,\overline{BC} \cdot \overline{CD} \cdot \sin\gamma$

$A = \frac{1}{2} \cdot 25{,}5\text{ m} \cdot 32\text{ m} \cdot \sin 110° \approx 383\text{ m}^2$

$\overline{BD}^2 = \overline{BC}^2 + \overline{CD}^2 - 2 \cdot \overline{BC} \cdot \overline{CD} \cdot \cos\gamma$

$\overline{BD}^2 = (25{,}5\text{ m})^2 + (32\text{ m})^2 - 2 \cdot 25{,}5\text{ m} \cdot 32\text{ m} \cdot \cos 110°$

$\overline{BD}^2 \approx 2232\text{ m}^2$

$\overline{BD} \approx \sqrt{2232\text{ m}^2} \approx 47{,}2\text{ m}$

$\overline{BD}^2 = \overline{AB}^2 + \overline{AD}^2 - 2 \cdot \overline{AB} \cdot \overline{AD} \cdot \cos\alpha$

$\cos\alpha = \frac{\overline{AB}^2 + \overline{AD}^2 - \overline{BD}^2}{2 \cdot \overline{AB} \cdot \overline{BD}}$

$\cos\alpha \approx \frac{(29\text{m})^2 + (35\text{m})^2 - (47{,}2\text{m})^2}{2 \cdot (29\text{m}) \cdot (35\text{m})} \approx -0{,}080$

$\alpha \approx 94{,}6°$

Fläche des Dreiecks ABD:

$A = \frac{1}{2}\,\overline{AB} \cdot \overline{AD} \cdot \sin\alpha$

$A \approx \frac{1}{2} \cdot 29\text{ m} \cdot 35\text{ m} \cdot \sin 94{,}6° \approx 506\text{ m}^2$

Gesamtfläche: $383\text{ m}^2 + 506\text{ m}^2 = 889\text{ m}^2$

Das Grundstück hat eine Fläche von ca. 889 m².

b) Kaufpreis: $889 \cdot 65\text{ €} = 57785\text{ €}$

Der Kaufpreis beträgt ca. 57800 €.

Geometrie in der Ebene – Vielfältige Aufgaben

Seite 28

Teste deine Grundfertigkeiten

	A	B	C	D
1	×	×	×	×
2		×		
3				×
4			×	
5			×	
6		×	×	
7		×	×	
8				×
9			×	
10	×		×	
11	×			

Seite 29

Aufgaben zum Trainieren

1 a) Konstruktion:

Zeichne $\overline{BC} = 7{,}5$ cm. Zeichne eine Senkrechte s zu $\overline{BC}$ in B. Der Kreis um C mit dem Radius $\overline{AC} = 12{,}5$ cm schneidet s in A. Zeichne eine Senkrechte zu $\overline{AB}$ in A und eine Senkrechte zu $\overline{BC}$ in C. Der Schnittpunkt der beiden Senkrechten ist D.

b) $\overline{AC}^2 = \overline{AB}^2 + \overline{BC}^2 \qquad \overline{AB} = \sqrt{\overline{AC}^2 - \overline{BC}^2}$

$\overline{AB} = \sqrt{(125\text{ m})^2 - (75\text{ m})^2} = 100\text{ m}$

c) Umfang: $u = 2\,\overline{AB} + 2\,\overline{BC}$

$u = 2 \cdot 100\text{ m} + 2 \cdot 75\text{ m} = 350\text{ m}$

Anzahl der Pfeiler: $350\text{ m} : 5\text{ m} = 70$

Es sind 70 Zaunpfeiler zu setzen.

d) $A = \overline{AB} \cdot \overline{BC} = 100\text{ m} \cdot 75\text{ m} = 7500\text{ m}^2$

Der rechteckige Sportplatz ist 7500 m² groß.

e) Quadrat: $A = a^2$

$a = \sqrt{A} = \sqrt{7500\text{ m}^2} \approx 86{,}6\text{ m}$

Die Seitenlänge beträgt ca. 86,6 m.

2 a) Seitenlänge eines Quadrats:

$a = 7{,}35\text{ m} : 7 = 5{,}25\text{ m} : 5 = 1{,}05\text{ m}$

Kaminlänge: $2 \cdot 1{,}05\text{ m} = 2{,}10\text{ m}$

Die Kaminfläche ist 2,10 m lang und 1,05 m breit.

b) Kamin: $A = 2{,}10\text{ m} \cdot 1{,}05\text{ m} = 2{,}205\text{ m}^2$

Terrasse:

$A = (3 \cdot 1{,}05\text{ m}) \cdot (2 \cdot 1{,}05\text{ m}) = 6{,}615\text{ m}^2$

Die Terrassenfläche ist ca. 6,62 m², die Kaminfläche ca. 2,21 m² groß.

c) $A = 27a^2 = 27 \cdot (1{,}05\text{ m})^2 \approx 29{,}77\text{ m}^2$

d) Fläche einer Fliese: $A = (0{,}35\text{ m})^2$

Fliesen pro Quadrat: $(1{,}05\text{ m})^2 : (0{,}35\text{ m})^2 = 9$

Fliesen gesamt: $27 \cdot 9 = 243$

Es werden mindestens 243 Fliesen benötigt.

e) $29{,}77 \cdot 36{,}50\text{ €} \approx 1086{,}61\text{ €}$

Die Kosten betragen mindestens ca. 1087 €.

3 a) Scheitelwinkelpaare: $\varepsilon_1 = \varepsilon_3 \qquad \varepsilon_2 = \varepsilon_4$

Nebenwinkelpaare: ε_1 und $\varepsilon_2 \qquad \varepsilon_2$ und ε_3

ε_3 und $\varepsilon_4 \qquad \varepsilon_4$ und ε_1

Wechselwinkelpaare: $\alpha_1 = \gamma_1 \qquad \alpha_2 = \gamma_2$

$\beta_1 = \delta_1 \qquad \beta_2 = \delta_2$

b) Scheitelwinkelpaare sind gleich groß.
Wechselwinkelpaare an geschnittenen Parallelen sind gleich groß.

c) Nebenwinkelpaare ergeben zusammen 180°.

d) $\gamma_1 = 180° - \alpha_2 - (\beta_1 + \beta_2)$
$\varepsilon_2 = 180° - \alpha_2 - \beta_1$ $\quad\varepsilon_1 = 180° - \varepsilon_2$
$\alpha_2 = \gamma_2 = 20°$ $\quad\beta_1 = \delta_1 = 50°$
$\beta_2 = \delta_2 = 80°$ $\quad\alpha_1 = \gamma_1 = 30°$
$\varepsilon_2 = \varepsilon_4 = 110°$ $\quad\varepsilon_1 = \varepsilon_3 = 70°$

e) $\overline{AD} \cong \overline{BC}$, da gegenüberliegende Seiten im Parallelogramm gleich groß sind.
$\alpha_1 \cong \gamma_1$, Wechselwinkel an geschnittenen Parallelen
$\beta_2 \cong \delta_2$, Wechselwinkel an geschnittenen Parallelen
Die Dreiecke sind nach dem Kongruenzsatz (wsw) kongruent.

4 a) Zeichne $\overline{AB} = 6{,}4$ cm. Trage an $\overline{AB}$ in A den Winkel $\alpha = 62°$ an. Trage auf dem freien Schenkel von α die Strecke $\overline{AD} = 4{,}2$ cm ab. Zeichne eine Parallele zu $\overline{AB}$ durch D und eine Parallele zu $\overline{AD}$ durch B. Der Schnittpunkt der beiden Parallelen ist C.

b) $A = ab \cdot \sin\alpha$
$A = 6{,}4\text{ cm} \cdot 4{,}2\text{ cm} \cdot \sin 62° \approx 23{,}7\text{ cm}^2$
$A = 0{,}237\text{ dm}^2$

c) $u = 2a + 2b = 2 \cdot 6{,}4\text{ cm} + 2 \cdot 4{,}2\text{ cm} = 21{,}2\text{ cm}$
$u = 2{,}12\text{ dm}$

d) Winkel CBA: $\beta = 180° - \alpha = 118°$
$\overline{AC}^2 = a^2 + b^2 - 2ab \cdot \cos\beta$
$\overline{AC}^2 = (6{,}4\text{ cm})^2 + (4{,}2\text{ cm})^2 - 2 \cdot 6{,}4\text{ cm} \cdot 4{,}2\text{ cm} \cdot \cos 118°$
$\overline{AC}^2 \approx 83{,}84\text{ cm}^2$
$\overline{AC} \approx \sqrt{83{,}84\text{ cm}^2} \approx 9{,}16\text{ cm}$
$\overline{BD}^2 = a^2 + b^2 - 2ab \cdot \cos\alpha$
$\overline{BD}^2 = (6{,}4\text{ cm})^2 + (4{,}2\text{ cm})^2 - 2 \cdot 6{,}4\text{ cm} \cdot 4{,}2\text{ cm} \cdot \cos 62°$
$\overline{BD}^2 \approx 33{,}36\text{ cm}^2$
$\overline{BD} \approx \sqrt{33{,}36\text{ cm}^2} \approx 5{,}78\text{ cm}$

Seite 30

5 a) Nach dem Satz des Thales sind die Dreiecke ABC und BAD rechtwinklig und folglich kongruent.
$\beta = 90° - \alpha = 90° - 30° = 60°$
Für den Scheitelwinkel γ' von γ gilt:
$\gamma' = 180° - 30° - 30° = 120°$
$\gamma = 120°$ $\quad\delta = 180° - \gamma = 60°$

b) Wegen $\overline{MB} = \overline{MC}$ gilt $\sphericalangle MCB = \beta = 60°$.
Das Dreieck MBC ist gleichseitig.
Analog ist das Dreieck MAD ist gleichseitig.
Es folgt $\sphericalangle CMD = 60°$, sodass das Dreieck MCD ebenfalls gleichseitig ist.
$\overline{CD} = \overline{MC} = \overline{MB} = 4{,}5$ cm

c) $u = \overline{AB} + \overline{BC} + \overline{CD} + \overline{DA}$
$u = 9\text{ cm} + 4{,}5\text{ cm} + 4{,}5\text{ cm} + 4{,}5\text{ cm} = 22{,}5\text{ cm}$
h: Trapezhöhe $\qquad \sin\beta = \frac{h}{\overline{BC}}$
$h = \overline{BC} \cdot \sin\beta = 4{,}5\text{ cm} \cdot \sin 60° \approx 3{,}9\text{ cm}$
$A = \frac{1}{2}(\overline{AB} + \overline{CD}) \cdot h$
$A \approx \frac{1}{2} \cdot (9\text{ cm} + 4{,}5\text{ cm}) \cdot 3{,}9\text{ cm} \approx 26{,}3\text{ cm}^2$

d) $\sphericalangle ASB = \sphericalangle CSD$ (Scheitelwinkel)
$\sphericalangle ABS = \sphericalangle CDS$ (kongruente Wechselwinkel)
Die Dreiecke ABS und CDS sind ähnlich nach dem Hauptähnlichkeitssatz.
$\sphericalangle ASD = \sphericalangle BSC$ (Scheitelwinkel)
$\sphericalangle ADS = \sphericalangle BCS$ (rechte Winkel)
Die Dreiecke ASD und BSC sind ähnlich nach dem Hauptähnlichkeitssatz.

e) Zeichne $\overline{AB} = 9$ cm. Zeichne Kreis k um den Mittelpunkt M von $\overline{AB}$ mit dem Radius $\overline{AM}$. Trage an $\overline{AB}$ in A den Winkel $\alpha = 30°$ an. Der freie Schenkel von α schneidet k in C. Zeichne eine Parallele zu $\overline{AB}$ durch C. Der zweite Schnittpunkt der Parallelen mit k ist D.

6 b) Quadrat: $A = a^2$ $\qquad$ Kreis: $A = \pi r^2$
(1) Die blaue Fläche ist die Quadratfläche ohne die beiden Halbkreisflächen.
$A = a^2 - 2 \cdot \frac{1}{2}\pi r^2 = a^2 - \pi r^2$
$A = (10\text{ cm})^2 - \pi \cdot (5\text{ cm})^2 \approx 21{,}5\text{ cm}^2$
(2) obere Hälfte: $A = \frac{1}{2}a^2 - 2 \cdot \frac{1}{4}\pi r^2$
untere Hälfte: $A = \frac{1}{2}\pi r^2$
gesamt: $A = \frac{1}{2}a^2 = \frac{1}{2} \cdot (10\text{ cm})^2 = 50\text{ cm}^2$
(3) $A = a^2 - 4 \cdot \frac{1}{4}\pi r^2 = a^2 - \pi r^2$
$A = (10\text{ cm})^2 - \pi \cdot (5\text{ cm})^2 \approx 21{,}5\text{ cm}^2$

c) Kreis: $u = \pi d$
(1) $u = 2a + 2 \cdot \frac{1}{2}\pi d = 2a + \pi d$
$u = 2 \cdot 10\text{ cm} + \pi \cdot 10\text{ cm} \approx 51{,}4\text{ cm}$
(3) $u = 4 \cdot \frac{1}{4}\pi d = \pi d = \pi \cdot 10\text{ cm} \approx 31{,}4\text{ cm}$

d) $p = \frac{W}{G} \cdot 100$
Quadratfläche: $G = (10\text{ cm})^2 = 100\text{ cm}^2$
blau gefärbte Anteile:
(1) $\frac{21{,}5\text{ cm}^2}{100\text{ cm}^2} \cdot 100\,\% = 21{,}5\,\%$
(2) $\frac{50\text{ cm}^2}{100\text{ cm}^2} \cdot 100\,\% = 50\,\%$
(3) $\frac{21{,}5\text{ cm}^2}{100\text{ cm}^2} \cdot 100\,\% = 21{,}5\,\%$

7 a)
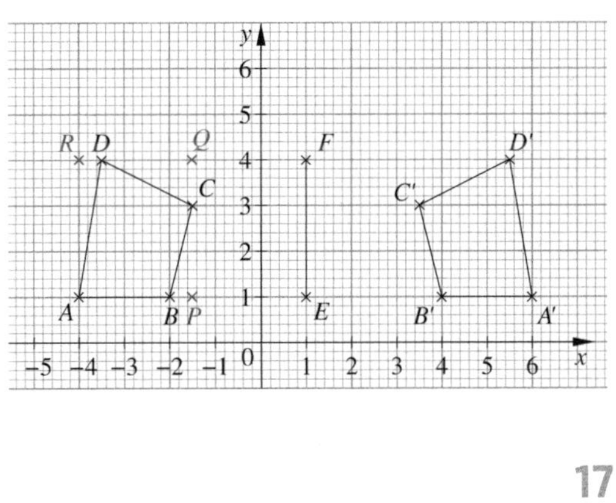

b) Zur Berechnung sind weitere Punkte hilfreich:
$P(-1{,}5\,|\,1)$; $Q(-1{,}5\,|\,4)$; $R(-4\,|\,4)$
$\overline{BC} = \sqrt{\overline{BP}^2 + \overline{CP}^2} = \sqrt{0{,}5^2 + 2^2} \approx 2{,}06$

$\overline{CD} = \sqrt{\overline{CQ}^2 + \overline{DQ}^2} = \sqrt{1^2 + 2^2} \approx 2{,}24$
$\overline{DA} = \sqrt{\overline{DR}^2 + \overline{AR}^2} = \sqrt{0{,}5^2 + 3^2} \approx 3{,}04$

$\overline{AB} = 2$
$u = \overline{BC} + \overline{CD} + \overline{DA} + \overline{AB}$
$u \approx 2{,}06 + 2{,}24 + 3{,}04 + 2 = 9{,}34$

c) Rechteck $PQRA$: $A = \overline{PQ} \cdot \overline{QR} = 3 \cdot 2{,}5 = 7{,}5$
Dreieck BPC: $A = \frac{1}{2}\overline{BP} \cdot \overline{CP} = \frac{1}{2} \cdot 0{,}5 \cdot 2 = 0{,}5$
Dreieck CQD: $A = \frac{1}{2}\overline{CQ} \cdot \overline{DQ} = \frac{1}{2} \cdot 1 \cdot 2 = 1$
Dreieck DRA: $A = \frac{1}{2}\overline{DR} \cdot \overline{AR} = \frac{1}{2} \cdot 0{,}5 \cdot 3 = 0{,}75$
Viereck $ABCD$:
$A = 7{,}5 - 0{,}5 - 1 - 0{,}75 = 5{,}25$

d) $A'(6\,|\,1)$; $B'(4\,|\,1)$; $C'(3{,}5\,|\,3)$; $D'(5{,}5\,|\,4)$

8 a) Nach dem 2. Strahlensatz gilt:

$$\overline{BE} : \overline{AF} = \overline{EC} : \overline{FC}$$
$$\overline{BE} \cdot \overline{FC} = \overline{EC} \cdot \overline{AF}$$
$$\overline{BE} \cdot (\overline{FE} + \overline{EC}) = \overline{EC} \cdot \overline{AF}$$
$$\overline{BE} \cdot \overline{FE} = \overline{EC} \cdot \overline{AF} - \overline{EC} \cdot \overline{BE}$$
$$\overline{EC} = \frac{\overline{BE} \cdot \overline{FE}}{\overline{AF} - \overline{BE}}$$
$$\overline{EC} = \frac{30\text{ m} \cdot 45\text{ m}}{55\text{ m} - 30\text{ m}} = 54\text{ m}$$
$$\overline{DC} = \overline{EC} - \overline{DE} = 54\text{ m} - 15\text{ m} = 39\text{ m}$$

Der Fluss ist 39 m breit.

SEITE 31

9 a) $A_Q = a^2 \qquad A_K = \pi r^2 = \frac{\pi}{4}a^2$

$A_D = \frac{1}{2}a \cdot a = \frac{1}{2}a^2$

$u_Q = 4a \qquad u_K = 2\pi r = \pi a$

s: Schenkellänge des Dreiecks

$s^2 = \left(\frac{a}{2}\right)^2 + a^2 = \frac{5}{4}a^2 \qquad s = \sqrt{\frac{5}{4}a^2} = \frac{\sqrt{5}}{2}a$

$u_D = 2s + a = (\sqrt{5} + 1)a$
$A_Q = (10\text{ cm})^2 = 100\text{ cm}^2$
$A_K = \frac{\pi}{4} \cdot (10\text{ cm})^2 \approx 78{,}5\text{ cm}^2$
$A_D = \frac{1}{2} \cdot (10\text{ cm})^2 = 50\text{ cm}^2$
$u_Q = 4 \cdot 10\text{ cm} = 40\text{ cm}$
$u_K = \pi \cdot 10\text{ cm} \approx 31{,}4\text{ cm}$
$u_D = (\sqrt{5} + 1) \cdot 10\text{ cm} \approx 32{,}4\text{ cm}$

b) $A_Q : A_K = a^2 : \frac{\pi}{4}a^2 = 4 : \pi$

$A_K : A_D = \frac{\pi}{4}a^2 : \frac{1}{2}a^2 = \pi : 2$

Jens hat Recht.

c) $A = (a \cdot 50)^2 \cdot 3 = 75\text{ m}^2$
Anzahl der Dosen:
$n = A : 5 : 0{,}75 = 75 : 5 : 0{,}75 = 20$
Es werden 20 Dosen Farbe benötigt.

10 a) blaue Teildreiecke:
a: Seitenlänge der Teildreiecke
$a = 14\text{ cm} : 7 = 2\text{ cm}$

Teildreieck: $A = \frac{a^2}{4}\sqrt{3} = \frac{(2\text{ cm})^2}{4}\sqrt{3} = \sqrt{3}\text{ cm}^2$

13 Teildreiecke: $A = 13 \cdot \sqrt{3}\text{ cm}^2 \approx 22{,}5\text{ cm}^2$

weiße Sechsecke:
Verbindet man den Mittelpunkt eines Sechsecks mit den 6 Eckpunkten des Sechsecks, entstehen 6 gleichseitige Dreiecke, die zu den blauen Teildreiecken kongruent sind.

6 Sechsecke: $A = 6 \cdot 6 \cdot \sqrt{3}\text{ cm}^2 \approx 62{,}4\text{ cm}^2$

b) s: Seitenlänge des Originaldreiecks

$A = \frac{s^2}{4}\sqrt{3} \qquad s = \sqrt{\frac{4A}{\sqrt{3}}} = \sqrt{\frac{4 \cdot 1\text{m}^2}{\sqrt{3}}} \approx 1{,}52\text{ m}$

Maßstab: $a : s \approx 14 : 152 \approx 1 : 11$

11 a) Gesamtfläche: $400\text{ m} \cdot 200\text{ m} = 80\,000\text{ m}^2$
Anteil der Erholungsfläche an der Gesamtfläche bei der alten Einteilung: $\frac{1}{4}$
Flächengröße: $\frac{1}{4} \cdot 80\,000\text{ m}^2 = 20\,000\text{ m}^2$
prozentualer Anteil: $p = \frac{W}{G} \cdot 100 = \frac{1}{4} \cdot 100 = 25$

alte Einteilung	Anteil	Fläche
Erholung	$\frac{1}{4} = 25\ \%$	$20\,000\text{ m}^2$
Industrie	$\frac{5}{16} = 31{,}25\ \%$	$25\,000\text{ m}^2$
Landwirtschaft	$\frac{7}{16} = 43{,}75\ \%$	$35\,000\text{ m}^2$

neue Einteilung	Anteil	Fläche
Erholung	$\frac{1}{4} = 25\ \%$	$20\,000\text{ m}^2$
Industrie	$\frac{1}{2} = 50\ \%$	$40\,000\text{ m}^2$
Landwirtschaft	$\frac{1}{4} = 25\ \%$	$20\,000\text{ m}^2$

b)

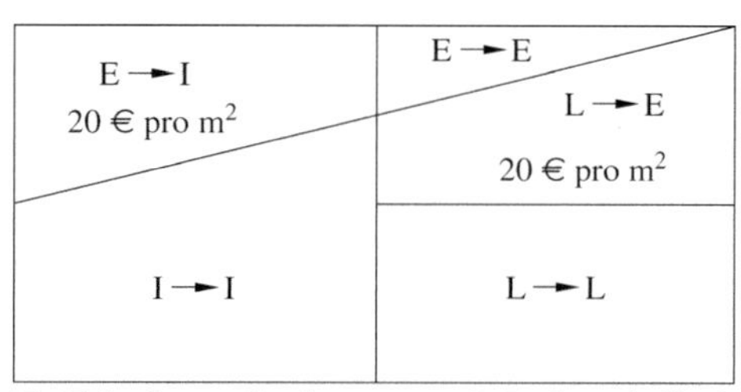

E: Erholungsfläche I: Industriefläche
L: Landwirtschaftsfläche

c) $15\,000 \cdot 20\text{ €} + 15\,000 \cdot 20\text{ €} = 600\,000\text{ €}$
Die Neuordnung kostet 600 000 €.

d) Beispielsweise kann die Erholungsfläche unverändert gelassen werden und die $15\,000\text{ m}^2$, die von der Landwirtschaft zur Erholung umgewandelt werden sollten, werden nun zur Industrie umgewandelt. Dies kostet 225 000 €.

Seite 32

Teste deine Grundfertigkeiten

	A	B	C	D
1		×	×	×
2		×		×
3	×			
4		×		
5		×		×
6		×		
7				×
8	×			×
9				×
10			×	

Seite 33

Aufgaben zum Trainieren

1 a) $V = \frac{1}{3}A_G h = \frac{1}{3}a^2h = \frac{1}{3}\cdot(6\text{ cm})^2\cdot 10\text{ cm} = 120\text{ cm}^3$

h_S: Seitenhöhe

$h_S^{\,2} = h^2 + (\frac{a}{2})^2 \qquad h_S = \sqrt{h^2 + (\frac{a}{2})^2}$

$h_S = \sqrt{(10\text{ cm})^2 + (\frac{6\text{ cm}}{2})^2} \approx 10{,}44\text{ cm}$

$A_O = a^2 + 4\cdot\frac{1}{2}ah_S = a^2 + 2ah_S$

$A_O \approx (6\text{ cm})^2 + 2\cdot 6\text{ cm}\cdot 10{,}44\text{ cm} \approx 161\text{ cm}^2$

b) Radius: $r = 6$ cm

$V = \pi r^2 h = \pi\cdot(6\text{ cm})^2\cdot 27\text{ cm} \approx 3054\text{ cm}^3$

$A_O = 2\pi r(r+h)$

$A_O = 2\pi\cdot 6\text{ cm}\cdot(6\text{ cm} + 27\text{ cm}) \approx 1244\text{ cm}^2$

c) Radius: $r = 4$ dm

$V = \pi r^2 h \qquad h = \frac{V}{\pi r^2} = \frac{400\text{ dm}^3}{\pi\cdot(4\text{ dm})^2} \approx 7{,}96\text{ dm}$

Die Regentonne ist ca. 79,6 cm hoch.

d) Innenradius: $r = 12{,}5$ mm

Innenvolumen der Kugel:

$V = \frac{4}{3}\pi r^3 = \frac{4}{3}\pi\cdot(12{,}5\text{ mm})^3 \approx 8181\text{ mm}^3$

Marzipanvolumen: $8181\text{ mm}^3 : 2 \approx 4090\text{ mm}^3$

Die Marzipanfüllung nimmt ca. 4,09 cm^3 ein.

e) $A_O = 4\pi r^2 = 4\pi\cdot(11\text{ cm})^2 \approx 1521\text{ cm}^2$

Zur Herstellung des Balls werden ca. 1521 cm^2 Leder benötigt. Die Angabe eines genauen Wertes ist auf Grund der Nähte zwischen den Fünf- und Sechsecken schwierig. Der Ball ist nur näherungsweise eine Kugel.

2 a) Höhe ohne Deckel: $c = 19\text{ cm} - 5\text{ cm} = 14\text{ cm}$

(1) $V = abc + \frac{1}{3}A_G h = abc + \frac{1}{3}abh$

$V = 10\text{ cm}\cdot 8\text{ cm}\cdot 14\text{ cm} + \frac{1}{3}\cdot 10\text{ cm}\cdot 8\text{ cm}\cdot 5\text{ cm} \approx 1253\text{ cm}^3$

(2) Radius: $r = 5$ cm

$V = \pi r^2 c + \frac{2}{3}\pi r^2 h$

$V = \pi\cdot(5\text{ cm})^2\cdot 14\text{ cm} + \frac{2}{3}\pi\cdot(5\text{ cm})^3 \approx 1361\text{ cm}^3$

Das Volumen beträgt bei Kekspackung (1) ca. 1253 cm^3 und bei Kekspackung (2) ca. 1361 cm^3.

b) Volumendifferenz:

$1361\text{ cm}^3 - 1253\text{ cm}^3 = 108\text{ cm}^3$

$p = \frac{W}{G}\cdot 100 \approx \frac{108\text{ cm}^3}{1361\text{ cm}^3}\cdot 100 \approx 7{,}9\%$

Das Volumen von Kekspackung (1) ist um ca. 7,9 % größer.

c) Würfel: $V = a^3 \qquad a = \sqrt[3]{a}$

(1) $a \approx \sqrt[3]{1253\text{ cm}^3} \approx 10{,}8\text{ cm}$

(2) $a \approx \sqrt[3]{1152\text{ cm}^3} \approx 10{,}5\text{ cm}$

Die Kantenlänge einer würfelförmigen Verpackung mit gleich großem Volumen müsste bei Kekspackung (1) ca. 10,8 cm und bei Kekspackung (2) ca. 10,5 cm betragen.

d) (1) h_a, h_b: Seitenhöhen der Pyramide:

$h_a^{\,2} = h^2 + (\frac{a}{2})^2 \qquad h_a = \sqrt{h^2 + (\frac{a}{2})^2}$

$h_a = \sqrt{(5\text{ cm})^2 + (\frac{10\text{ cm}}{2})^2} \approx 7{,}071\text{ cm}$

$h_b^{\,2} = h^2 + (\frac{b}{2})^2 \qquad h_b = \sqrt{h^2 + (\frac{b}{2})^2}$

$h_b = \sqrt{(5\text{ cm})^2 + (\frac{8\text{ cm}}{2})^2} \approx 6{,}403\text{ cm}$

lackierte Fläche:

$A = 2ac + 2bc + 2\cdot\frac{1}{2}ah_a + 2\cdot\frac{1}{2}bh_b$

$A = 2ac + 2bc + ah_a + bh_b$

$A \approx 2\cdot 10\text{ cm}\cdot 14\text{ cm} + 2\cdot 8\text{ cm}\cdot 14\text{ cm} + 10\text{ cm}\cdot 7{,}071\text{ cm} + 8\text{ cm}\cdot 6{,}403\text{ cm}$

$A \approx 626\text{ cm}^2 = 0{,}0626\text{ m}^2$

Lackierung von 100 Verpackungen:

$100\cdot 0{,}0626\cdot 1\text{ €} = 6{,}26\text{ €}$

(2) lackierte Fläche: $A = 2\pi rc + \frac{1}{2}\cdot 4\pi r^2$

$A = 2\pi\cdot 5\text{ cm}\cdot 14\text{ cm} + \frac{2}{3}\pi\cdot(5\text{ cm})^2$

$A \approx 2246\text{ cm}^2 = 0{,}2246\text{ m}^2$

Lackierung von 100 Verpackungen:

$100\cdot 0{,}2246\cdot 1\text{ €} = 22{,}46\text{ €}$

Gesamtkosten: 6,26 € + 22,46 € = 28,72 €

Die Außenlackierung von je 100 Verpackungen kostet insgesamt 28,72 €.

3 a) Dachfläche:

$A = 2\cdot\sqrt{h^2 + x^2}\cdot 10\text{ m}$

$A \approx 113{,}14\text{ m}^2$

Kosten der Dacheindeckung:

113,14 · 110 % · 85 € = 10 578,59 €

Die Dacheindeckung kostet 10 578,59 €.

b) Wandfläche:

$A = 2\cdot(10\text{ m} + 8\text{ m})\cdot 3\text{ m} + 2\cdot(\frac{1}{2}\cdot 4\text{ m}\cdot 8\text{ m})$

$A = 132\text{ m}^2$

Die zu streichende Fläche hat eine Größe von 132 m^2.

c) Umbauter Raum (Volumen):
$V = 10\text{ m} \cdot (8\text{ m} \cdot 3\text{ m} + \frac{1}{2} \cdot 4\text{ m} \cdot 8\text{ m}) = 400\text{ m}^3$
Kosten:
$250\,000\text{ €} : 400\text{ m}^3 = 625\text{ €} / \text{m}^3$
Die Kosten für 1 m^3 umbauten Raum betragen 625 m^3.

4 a) In sieben Stunden ist die Hälfte des Wachses verbrannt.
verbranntes Volumen: $\frac{1}{2} \cdot 162{,}6\text{ cm}^3 = 81{,}3\text{ cm}^3$
In sieben Stunden sind ca. 81,3 cm^3 Wachs verbrannt.
b) Brenndauer der ganzen Kerze: $7\text{ h} \cdot 2 = 14\text{ h}$
restliche Brenndauer:
$\frac{1}{3} \cdot 14\text{ h} = 4\frac{2}{3}\text{ h} = 4\text{ h } 40\text{ min}$
Die Kerze kann noch 4 h 40 min brennen.

SEITE 34

5 a) Maßstab 1 : 5000

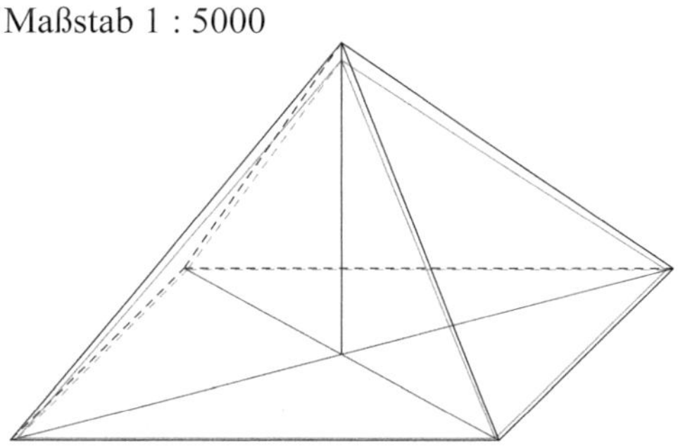

schwarz: ursprüngliche Pyramide
grau (innen): heutige Pyramide
b) ursprüngliche Pyramide:
Seitenlänge der Grundfläche:
$a = 440 \cdot 52{,}3\text{ cm} = 23\,012\text{ cm} = 230{,}12\text{ m}$
Höhe:
$h = 280 \cdot 52{,}3\text{ cm} = 14\,644\text{ cm} = 146{,}44\text{ m}$
$V = \frac{1}{3} A_G h = \frac{1}{3} a^2 h$
$V = \frac{1}{3} \cdot (230{,}12\text{ m})^2 \cdot 146{,}44\text{ m} \approx 2{,}585\text{ Mio. m}^3$
heutige Pyramide:
$V = \frac{1}{3} \cdot (225\text{ m})^2 \cdot 138{,}50\text{ m} \approx 2{,}337\text{ Mio. m}^3$
Das Volumen der ursprünglichen Pyramide betrug ca. 2,585 Mio. m^3, die heutige Pyramide hat ein Volumen von ca. 2,337 Mio. m^3.
c) $2{,}585\text{ Mio. m}^3 - 2{,}337\text{ Mio. m}^3 = 248\,000\text{ m}^3$
Es sind ca. 248 000 m^3 Gestein verwittert.
d) h_S: Seitenhöhe der ursprünglichen Pyramide
$h_S^2 = h^2 + (\frac{a}{2})^2$ $\quad h_S = \sqrt{h^2 + (\frac{a}{2})^2}$
$h_S = \sqrt{(146{,}44\text{ m})^2 + (\frac{230{,}12\text{ m}}{2})^2} \approx 186{,}24\text{ m}$
Mantelfläche: $A_M = 4 \cdot \frac{1}{2} a h_S = 2 a h_S$
$A_M \approx 2 \cdot 230{,}12\text{ m} \cdot 186{,}24\text{ m} \approx 85\,700\text{ m}^2$
Die Lexikonangaben können stimmen.
Größe der Hohlräume:
$2{,}585\text{ Mio. m}^3 - 2{,}5\text{ Mio. m}^3 = 85\,000\text{ m}^3$
Die Hohlräume sind ca. 85 000 m^3 groß.

6 a) Zylinder: $u = 2\pi r = 2\pi \cdot 2{,}5\text{ cm} \approx 15{,}7\text{ cm}$

Maßstab 1 : 3

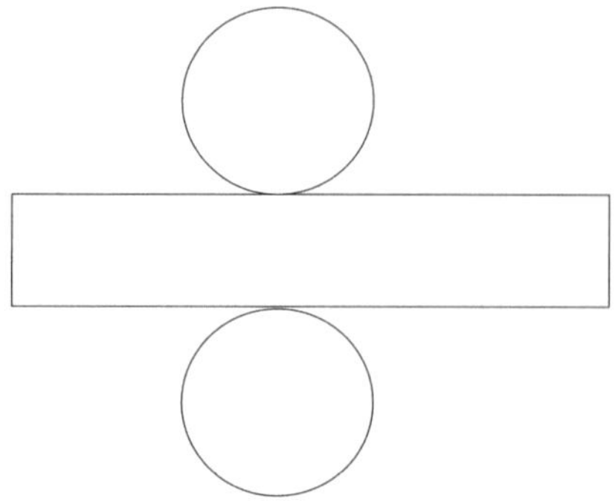

Pyramidennetz: Maßstab 1 : 2

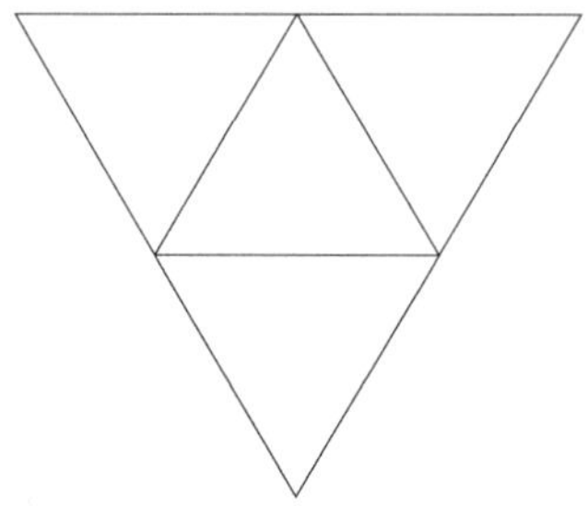

b) Zylinder:
$V = \pi r^2 h = \pi \cdot (2{,}5\text{ cm})^2 \cdot 3\text{ cm} \approx 58{,}9\text{ cm}^3$
Kegel: Radius: $r = 4\text{ cm}$
$V = \frac{1}{3}\pi r^2 h = \frac{1}{3}\pi \cdot (4\text{ cm})^2 \cdot 3\text{ cm} \approx 50{,}3\text{ cm}^3$
Für den Zylinder werden ca. 58,9 cm^3 und für den Kegel ca. 50,3 cm^3 Lehm benötigt.
c) Volumen gesamt:
$58{,}9\text{ cm}^3 + 50{,}3\text{ cm}^3 = 109{,}2\text{ cm}^3$
Dichte: $\rho = \frac{m}{V}$
$m = \rho \cdot V = 1{,}6\,\frac{\text{g}}{\text{cm}^3} \cdot 109{,}2\text{ cm}^3 \approx 175\text{ g}$
Zylinder und Kegel sind zusammen ca. 175 g schwer.
d)

7 a) Maßstab 1 : 10 000

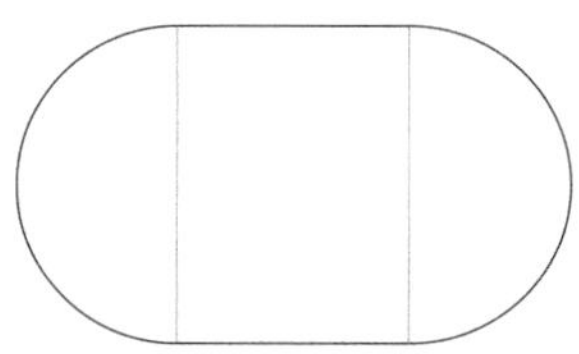

Der Fläche von acht z. B. 7350 m^2 großen Fußballfeldern (105 m lang, 70 m breit) ist kleiner als die Grundfläche der Halle. Dennoch lassen sie sich nicht so anordnen, dass sie in die Halle passen. Zur Überprüfung können maßstäbliche Fußballfelder ausgeschnitten und auf der Zeichnung der Grundfläche (Maßstab z. B. 1 : 1000) angeordnet werden.
b) Die Halle besteht aus einem liegenden Halbzylinder in der Mitte und zwei Viertelkugeln an den beiden Seiten. Ein Rechteck zwischen zwei Halbkreisen bildet die Grundfläche. Die weitere Oberfläche setzt sich zusammen aus einem halben Zylindermantel und zwei viertel Kugeloberflächen.

8 a) Bei einer Schutthöhe von $h_S = 0{,}15$ m bildet die Schuttmenge ein auf der Seite liegendes Prisma mit einer trapezförmigen Grundfläche. Das Trapez setzt sich aus einem 1,60 m langen Rechteck in der Mitte und rechtwinkligen Dreiecken an den Seiten zusammen, welche wegen der Winkel von 45° gleichschenklig sind mit 0,15 m langen Schenkeln.
obere Trapezseite:
$c = 1{,}60\text{ m} + 2 \cdot 0{,}15\text{ m} = 1{,}90\text{ m}$
$A_G = \frac{1}{2}(a + c) \cdot h_S$
$A_G = \frac{1}{2} \cdot (1{,}60\text{ m} + 1{,}90\text{ m}) \cdot 0{,}15\text{ m}$
$A_G = 0{,}2625\text{ m}^2$
$V = A_G h = 0{,}2625\text{ m}^2 \cdot 2\text{ m} = 0{,}525\text{ m}^3$

Analog erfolgt die Berechnung für die Schutthöhen von 0,30 m, 0,45 m und 0,60 m.

Schutthöhe in m	0	0,15	0,30	0,45
Volumen in m³	0	0,525	1,14	1,845

Schutthöhe in m	0,60	0,75	0,90
Volumen in m³	2,64	3,435	4,14

Die Schuttmenge bei einer Schutthöhe von 0,75 m ist um ein Prisma mit trapezförmiger Grundfläche größer als die Menge bei 0,60 m Höhe.
Höhe des Trapezes: 0,75 m − 0,60 m = 0,15 m
obere Trapezseite:
$\frac{1}{2} \cdot (2{,}80\text{ m} + 2{,}20\text{ m}) = 2{,}50\text{ m}$
$A_G = \frac{1}{2} \cdot (2{,}80\text{ m} + 2{,}50\text{ m}) \cdot 0{,}15\text{ m}$
$A_G = 0{,}3975\text{ m}^2$
$V = A_G h = 0{,}3975\text{ m}^2 \cdot 2\text{ m} = 0{,}795\text{ m}^3$
Schuttmenge gesamt:
$2{,}64\text{ m}^3 + 0{,}795\text{ m}^3 = 3{,}435\text{ m}^3$
Bei einer Schutthöhe von 0,90 m kommt ebenfalls ein Prisma mit trapezförmiger Grundfläche zur Schuttmenge bei 0,60 m Höhe hinzu. Das Trapez ist 0,30 m hoch, die untere Seite 2,80 m und die obere Seite 2,20 m lang.
$A_G = \frac{1}{2} \cdot (2{,}80\text{ m} + 2{,}20\text{ m}) \cdot 0{,}30\text{ m} = 0{,}75\text{ m}^2$
$V = A_G h = 0{,}75\text{ m}^2 \cdot 2\text{ m} = 1{,}5\text{ m}^3$
Schuttmenge gesamt:
$2{,}64\text{ m}^3 + 1{,}5\text{ m}^3 = 4{,}14\text{ m}^3$

b) Der Container enthält nicht die halbe Menge seines Volumens, wenn er bis zur Hälfte gefüllt ist, da er oben länger ist als unten.

c) Maßstab 1 : 60

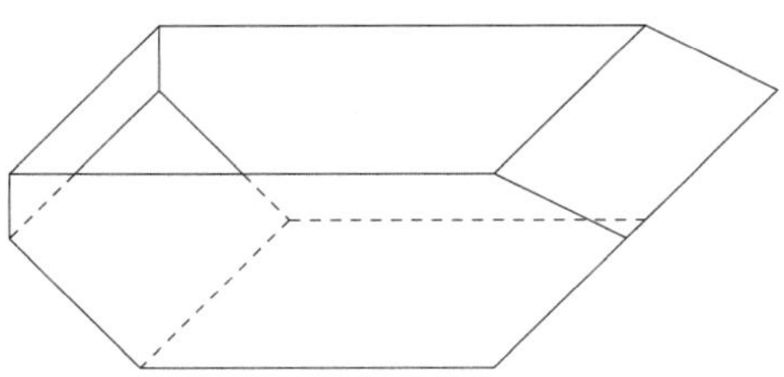

SEITE 35

9 a) Stumpf: $V = \frac{1}{3} h(A_G + \sqrt{A_G A_D} + A_D)$
$(2{,}4^2 + \sqrt{1{,}2^2 \cdot 2{,}4^2} + 1{,}2^2) = 10{,}08$
$V = \frac{1}{3} \cdot 2{,}4\text{ m} \cdot 10{,}08\text{ m}^2 \approx 8{,}06\text{ m}^3$
Würfel: $V = a^3 = (1{,}2\text{ m})^3 \approx 1{,}73\text{ m}^3$
Spitze: $V = \frac{1}{3} A_D \cdot h$
$V = \frac{1}{3} \cdot (1{,}2\text{ m})^2 \cdot 1{,}2\text{ m} \approx 0{,}58\text{ m}^3$
Gesamtvolumen des Obelisken:
$V \approx 8{,}06\text{ m}^3 + 1{,}73\text{ m}^3 + 0{,}58\text{ m}^3 \approx 10{,}4\text{ m}^3$
Es werden ca. 10,4 m³ Beton benötigt.

b) Dichte: $\rho = \frac{m}{V}$ $\quad \rho = 2{,}3\,\frac{\text{g}}{\text{cm}^3} = 2{,}3\,\frac{\text{t}}{\text{m}^3}$
$m = \rho \cdot V \approx 2{,}3\,\frac{\text{t}}{\text{m}^3} \cdot 10{,}4\text{ m}^3 \approx 23{,}9\text{ t}$
Der Tieflader sollte 23,9 t befördern dürfen.

c) Trapezhöhe der Stumpfseitenflächen:
$h_T = \sqrt{(1{,}2\text{ m} - 0{,}6\text{ m})^2 + (2{,}4\text{ m})^2} \approx 2{,}47\text{ m}$
Trapezfläche: $A_T = \frac{1}{2} \cdot (1{,}2\text{ m} + 2{,}4\text{ m}) \cdot h_T$
$A_T \approx \frac{1}{2} \cdot (1{,}2\text{ m} + 2{,}4\text{ m}) \cdot 2{,}47\text{ m} \approx 4{,}45\text{ m}^2$
Würfelfläche: $A_W = a^2 = (1{,}2\text{ m})^2 = 1{,}44\text{ m}^2$
Seitenhöhe der Spitze:
$h_s = \sqrt{(0{,}6\text{ m})^2 + (1{,}2\text{ m})^2} \approx 1{,}34\text{ m}$
Dreiecksfläche: $A_s = \frac{1}{2} \cdot 1{,}2\text{ m} \cdot h_s$
$A_s \approx \frac{1}{2} \cdot 1{,}2\text{ m} \cdot 1{,}34 \approx 0{,}80\text{ m}^2$
sichtbare Außenfläche des Obelisken:
$A \approx 4 \cdot (4{,}45\text{ m}^2 + 1{,}44\text{ m}^2 + 0{,}80\text{ m}^2)$
$\approx 26{,}8\text{ m}^2$
Für ca. 26,8 m² werden Schutzmittel benötigt.

10 a) Maßstab: 1:100

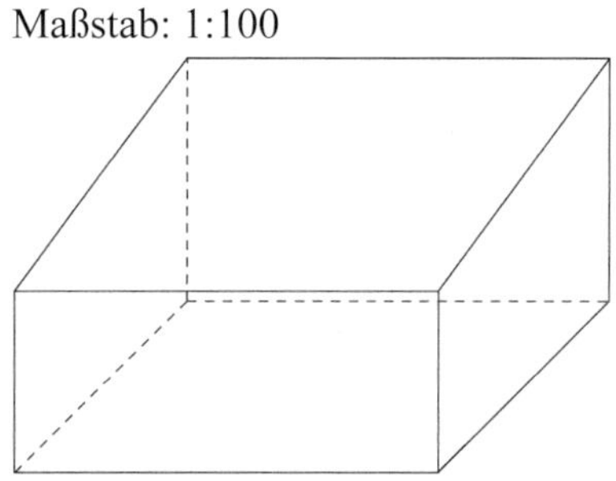

b) $\tan\alpha = \frac{4\text{m} - 3\text{m}}{8\text{m}} = 0{,}125$ $\quad \alpha \approx 7{,}1°$
Die Dachfläche ist gegenüber der Grundfläche um ca. 7,1° geneigt.

c) s: seitliche Dachlänge
$\cos\alpha = \frac{8\text{m}}{s}$ $\quad s = \frac{8\text{m}}{\cos\alpha} \approx \frac{8\text{m}}{\cos 7{,}1} \approx 8{,}06\text{ m}$
Dachfläche: $A \approx 7\text{ m} \cdot 8{,}06\text{ m} \approx 56{,}4\text{ m}^2$
Glasziegelanzahl: $46 \cdot 56{,}4 \approx 2594$
5 % Sicherheit: $W = p \cdot \frac{G}{100} = 5 \cdot \frac{2594}{100} \approx 130$
Gesamtanzahl: $2594 + 130 = 2724$

Es sind ca. 2724 Glasziegel zu bestellen.
Kosten: $2724 \cdot 1{,}20\ € = 3268{,}80\ €$
Die Kosten betragen ca. 3270 €.

11 a) Die Pyramide ist gerade, vierseitig und sie besitzt eine quadratische Grundfläche. Die Spitze befindet sich über dem Schnittpunkt der Diagonalen.

b)

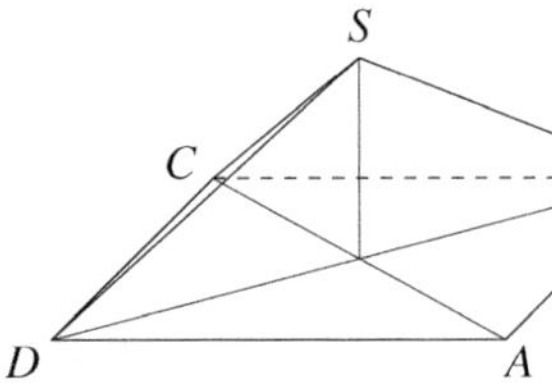

c) Grundfläche der Pyramide:
$A = a^2 = (6\ \text{LE})^2 = 36$ FE
Höhe der Pyramide:
$h = \sqrt{(h_s)^2 - (\frac{a}{2})^2} = \sqrt{(4LE)^2 - (3LE)^2} \approx 2{,}65$ LE
Volumen der Pyramide:
$V = \frac{1}{3} A_g h = \frac{1}{3} \cdot 36\ \text{FE} \cdot 2{,}65\ \text{LE} \approx 31{,}75$ VE
Die Pyramide hat ein Volumen von rund 31,75 VE.

d) Grundfläche der Pyramide:
$A = a^2 = (6\ \text{LE})^2 = 36$ FE
Flächeninhalt der Seitenfläche:
$A_S = \frac{1}{2} gh = \frac{1}{2} \cdot 6\ \text{LE} \cdot 4\ \text{LE} = 12$ FE

Oberflächeninhalt:
$A = A_g + 4A_S = 36\ \text{FE} + 4 \cdot 12\ \text{FE} = 84$ FE
Der Oberflächeninhalt der Pyramide beträgt 84 FE.

12 a) Würfelvolumen: $V = a^3 = (6\ \text{cm})^3 = 216\ \text{cm}^3$
Aus Symmetriegründen haben die beiden Teilkörper das gleiche Volumen.
$216\ \text{cm}^3 : 2 = 108\ \text{cm}^3$
Jeder Teilkörper hat ein Volumen von $108\ \text{cm}^3$.

b) s: Seitenlänge des Sechsecks

$$s^2 = \left(\frac{a}{2}\right)^2 + \left(\frac{a}{2}\right)^2 = \frac{1}{2} a^2$$

Verbindet man den Mittelpunkt des Sechsecks mit den 6 Ecken des Sechsecks, entstehen 6 gleichseitige Dreiecke mit Seitenlänge s.
Fläche eines Dreiecks: $A = \frac{s^2}{4} \sqrt{3}$
Sechseck: $A_S = 6 \cdot \frac{s^2}{4} \sqrt{3} = \frac{3}{4} \sqrt{3}\, a^2$

$$A_S = \frac{3}{4} \sqrt{3} \cdot (6\ \text{cm})^2 \approx 46{,}8\ \text{cm}^2$$

c) Würfeloberfläche:
$A_W = 6a^2 = 6 \cdot (6\ \text{cm})^2 = 216\ \text{cm}^2$
A_O: Oberflächeninhalt eines Teilkörpers
$2A_O = A_W + 2A_S \qquad A_O = \frac{1}{2} A_W + A_S$
$A_O \approx \frac{1}{2} \cdot 216\ \text{cm}^2 + 46{,}8\ \text{cm}^2 = 154{,}8\ \text{cm}^2$

Beschreibende Statistik

Seite 36

Teste deine Grundfertigkeiten

	A	B	C	D
1a	×		×	
1b	×			
2a		×		
2b				×
3		×		×
4			×	×
5	×		×	

Seite 37

Aufgaben zum Trainieren

1 a)

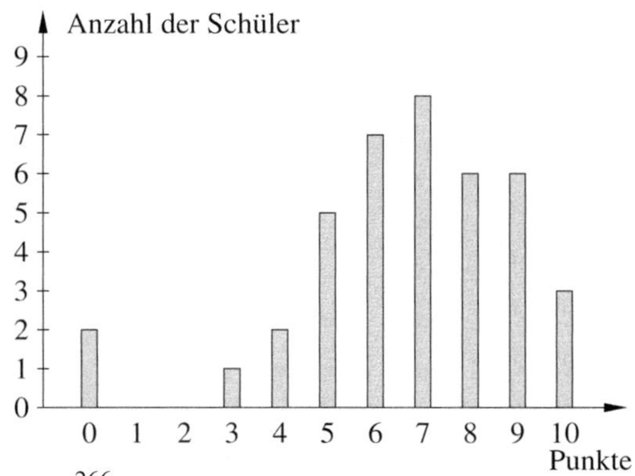

b) $\bar{x} = \frac{266}{40} = 6{,}65$
Jeder Teilnehmer hat im Durchschnitt 6,65 Punkte erreicht.

c) $\bar{x} = \frac{266}{38} = 7$
Ohne die beiden Ausreißer erhöht sich die durchschnittliche Punktezahl um 0,35.

2 a) Anzahl der beobachteten Pkw: 50

Personen	1	2	3	4	5
abs. Häufigkeit	23	16	3	6	2
rel. Häufigkeit	0,46	0,32	0,06	0,12	0,04

b)

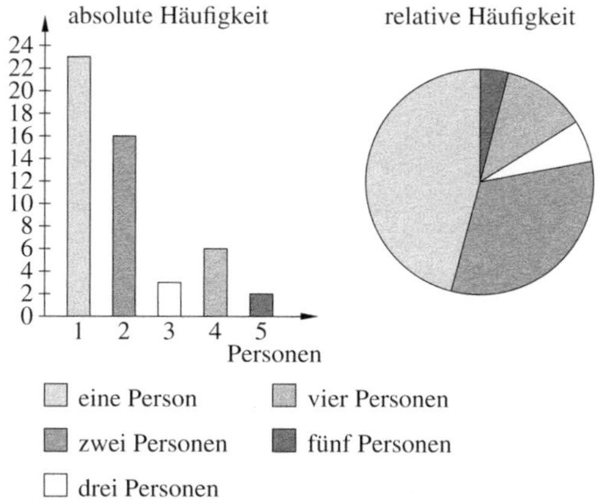

Ein Kreisdiagramm eignet sich gut zum Veranschaulichen von relativen Häufigkeiten.

c) $\frac{13 \cdot 1 + 26 \cdot 2 + 3 \cdot 3 + 6 \cdot 4 + 2 \cdot 5}{50} = \frac{98}{50} = 1{,}96$
Durchschnittlich saßen 1,96 Personen im Pkw.

d) Am häufigsten trat eine Person pro Pkw auf.

e) Median: 2

f) Varianz: 1,386 Standardabweichung: 1,166

3 a) $\bar{x} = \frac{40{,}82\,€}{5} \approx 8{,}16\,€$

$d = x_{max} - x_{min} = 9{,}99\,€ - 7{,}35\,€ = 2{,}64\,€$

b) weiß: $W = 12{,}5 \cdot \frac{80}{100} = 10$

gelb: $W = 25 \cdot \frac{80}{100} = 20$

violett: $W = 33\frac{1}{3} \cdot \frac{80}{100} \approx 27$

orange: $80 - 10 - 20 - 27 = 23$

In jeder Packung befinden sich 10 weiß blühende, 20 gelb blühende, 27 violett blühende und 23 orange blühende Krokusse.

c) weiß: $W = 12{,}5 \cdot \frac{500}{100} \approx 63$

gelb: $W = 25 \cdot \frac{500}{100} = 125$

violett: $W = 33\frac{1}{3} \cdot \frac{500}{100} \approx 167$

orange: $500 - 63 - 125 - 167 = 145$

In jeder Packung befinden sich 63 weiß blühende, 125 gelb blühende, 167 violett blühende und 145 orange blühende Krokusse.

4 a) Als Wahrscheinlichkeit wird vermutlich die relative Häufigkeit angegeben, mit der in einem bestimmten Zeitraum (z. B. ein Jahr) Blitzschlag die Ursache im Todesfall war: $\frac{\text{Anzahl der Toten durch Blitzschlag}}{\text{Anzahl aller Toten}}$.

b) Am wahrscheinlichsten ist das Ereignis „Tod durch Flugzeugabsturz".

c) Die Streifenlängen entsprechen nicht den Wahrscheinlichkeiten. Beispielsweise ist die Wahrscheinlichkeit für „Sechs Richtige im Lotto" 10-mal so groß wie die Wahrscheinlichkeit für „Jackpot knacken", die Streifenlänge ist aber nur 4-mal so groß.

d)
- Die Aussage passt nicht zur Darstellung. Nur eine von 139 800 000 Personen knackt in ihrem Leben den Jackpot.
- Die Aussage passt nicht zur Darstellung. Durchschnittlich hat eine von 13 980 000 Personen in ihrem Leben sechs Richtige im Lotto.
- Die Aussage passt zur Darstellung. $1 : 2\,800\,000 \approx 3{,}6 \cdot 10^{-7}$

Wahrscheinlichkeitsrechnung

Seite 38

Teste deine Grundfertigkeiten

	A	B	C	D
1	×	×		×
2		×	×	
3			×	
4	×			×
5		×	×	
6			×	×
7a			×	
7b				×
8				×
9			×	

Seite 39

Aufgaben zum Trainieren

1 a) $P(\text{beide Kugeln blau}) = \frac{5}{9} \cdot \frac{5}{9} = \frac{25}{81}$
$P(\text{beide Kugeln schwarz}) = \frac{4}{9} \cdot \frac{4}{9} = \frac{16}{81}$
Wahrscheinlichkeit gesamt: $\frac{25}{81} + \frac{16}{81} = \frac{41}{81} \approx 0{,}506$
Die Wahrscheinlichkeit beim Ziehen mit Zurücklegen zwei gleichfarbige Kugeln zu ziehen beträgt ca. 0,506.

b) $P(\text{beide Kugeln blau}) = \frac{5}{9} \cdot \frac{4}{8} = \frac{20}{72}$
$P(\text{beide Kugeln schwarz}) = \frac{4}{9} \cdot \frac{3}{8} = \frac{12}{72}$
Wahrscheinlichkeit gesamt: $\frac{20}{72} + \frac{12}{72} = \frac{4}{9} \approx 0{,}444$
Die Wahrscheinlichkeit beim Ziehen ohne Zurücklegen zwei gleichfarbige Kugeln zu ziehen beträgt ca. 0,444.

c) Dass die Kugeln unterschiedliche Farben haben, ist das Gegenereignis dazu, dass sie gleichfarbig sind.
$P(\text{Farben verschieden}) = 1 - \frac{41}{81} = \frac{40}{81} \approx 0{,}494$

Die Wahrscheinlichkeit beim Ziehen mit Zurücklegen zwei Kugeln mit unterschiedlichen Farben zu ziehen beträgt ca. 0,494.

d) $P(\text{erst blau, dann andere}) = \frac{5}{11} \cdot \frac{6}{10} = \frac{30}{110}$
$P(\text{erst schwarz, dann andere}) = \frac{4}{11} \cdot \frac{7}{10} = \frac{28}{110}$
$P(\text{erst weiß, dann andere}) = \frac{2}{11} \cdot \frac{9}{10} = \frac{18}{110}$
Wahrscheinlichkeit gesamt:
$\frac{30}{110} + \frac{28}{110} + \frac{18}{110} = \frac{38}{55} \approx 0{,}691$
Die Wahrscheinlichkeit beim Ziehen ohne Zurücklegen zwei verschiedenfarbige Kugeln zu ziehen beträgt ca. 0,691.

2 a) Ines, sein, eins

b) 3

c) Möglichkeiten insgesamt:
$4! = 4 \cdot 3 \cdot 2 \cdot 1 = 24$
Es gibt 21 Möglichkeiten der nicht sinnvollen Aneinanderreihung dieser Buchstaben.

d) $P(\text{sinnvolles Wort}) = \frac{3}{24} = \frac{1}{8} = 0{,}125$

e) $4^4 = 256$

3 a) $P(\text{weiß beim ersten Drehen}) = \frac{8}{16} = \frac{1}{2} = 0{,}5$

b) $P(\text{Erhalt von } 2\,€) = \left(\frac{1}{2}\right)^3 = \frac{1}{8} = 0{,}125$

c) Dreimal blau ergibt bei Abzug des Einsatzes 1 € Gewinn.
$P(1\,€\text{ Gewinn}) = \frac{1}{8}$
Bei zweimal blau kann weiß beim ersten, zweiten oder dritten Drehen auftreten.
$P(0\,€\text{ Gewinn}) = \left(\frac{1}{2}\right)^3 + \left(\frac{1}{2}\right)^3 + \left(\frac{1}{2}\right)^3 = \frac{3}{8}$
Keinen Preis zu erhalten ist das Gegenereignis zu dreimal oder zweimal blau.
$P(-1\,€\text{ Gewinn}) = 1 - \frac{1}{8} - \frac{3}{8} = \frac{1}{2}$
$E(X) = 1\,€ \cdot \frac{1}{8} + 0\,€ \cdot \frac{3}{8} + (-1\,€) \cdot \frac{1}{2} = -0{,}375\,€$
Der Erwartungswert von ca. −0,375 € gibt an, wie groß etwa der Gewinn im Durchschnitt bei sehr vielen Spielen ist.

d) Der Verlust entspricht dem negativen Gewinn, er liegt auf lange Sicht ungefähr bei 0,375 € pro Spiel.

e) Das Spiel ist fair, wenn z.B. der Preis für dreimal blau auf 5 € erhöht wird.
$E(X) = 4\,€ \cdot \frac{1}{8} + 0\,€ \cdot \frac{3}{8} + (-1\,€) \cdot \frac{1}{2} = 0\,€$

4 a) $P(1) \approx 0{,}20$ $P(6) \approx 0{,}13$
$P(2) = P(3) = P(4) = P(5) = \frac{1}{6} \approx 0{,}167$

b) Dass spätestens beim sechsten Wurf die Augenzahl 1 geworfen wird, ist das Gegenereignis zu dem Ereignis, dass bei den ersten sechs Würfen keine 1 geworfen wird.
Für die Wahrscheinlichkeit gilt:
$1 - (1 - 0{,}20)^6 \approx 0{,}738$
Es ist sinnvoll zu wetten, dass spätestens beim sechsten Wurf die Augenzahl 1 geworfen wird.

c) $E(X) \approx 1 \cdot 0{,}20 + 2 \cdot \frac{1}{6} + 3 \cdot \frac{1}{6} + 4 \cdot \frac{1}{6} + 5 \cdot \frac{1}{6}$
$+ 6 \cdot 0{,}13$
$E(X) \approx 3{,}31$
Der Erwartungswert von ca. 3,31 gibt an, welche Augenzahl man etwa im Durchschnitt bei sehr häufigem Würfeln erhält.

d) $P(\text{keine 6 bei drei Würfen}) \approx (1 - 0{,}13)^3 \approx 0{,}659$
$P(\text{6 bis zum dritten Wurf}) \approx 1 - 0{,}659 = 0{,}341$
x sei der Betrag, den man dagegen setzt.
Gewinn, den man im Durchschnitt erwarten kann: $E(X) \approx 10\,€ \cdot 0{,}659 - x \cdot 0{,}341$
$10\,€ \cdot 0{,}659 - x \cdot 0{,}341 = 0$
$x \approx 19{,}3\,€$
Man sollte nicht mehr als ca. 19,30 € dagegen setzen, um keine schlechteren Gewinnchancen zu haben.

Zentrale Prüfung

Mathematik

Lösungsheft Ernst

Regelschule/Gymnasium
Jahrgangsstufe 10
Thüringen

Cornelsen

Seite 6

Teste deine Grundfertigkeiten

	A	B	C	D
1	$\frac{1}{100}$	$\frac{100}{100} = 1$	$\frac{1}{3}$	$\frac{1}{8}$
2	×			×
3	$\frac{W}{p} = \frac{G}{100}$			
4 a	Einstein			
4 b	Adenauer			
4 c	Fontane			
5			×	
6	×	×		×
7			×	
8				×
9	×			
10				×
11	×		×	×

Seite 7

Aufgaben zum Trainieren

1 a) 2005 wurden ca. 300 000 motorisierte Verkehrsteilnehmer im Straßenverkehr verletzt.

b) Verletzte Kinder unter 15 Jahre:
$W = \frac{p \cdot G}{100} = \frac{8{,}5 \cdot 300000}{100} = 25\,500$
25 5000 Kinder unter 15 Jahre wurden verletzt.

c)

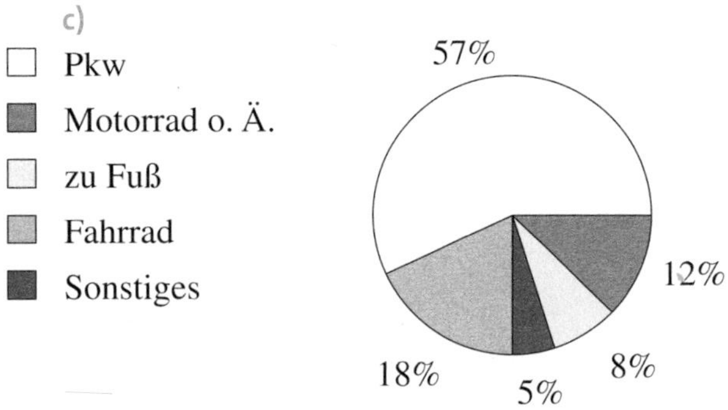

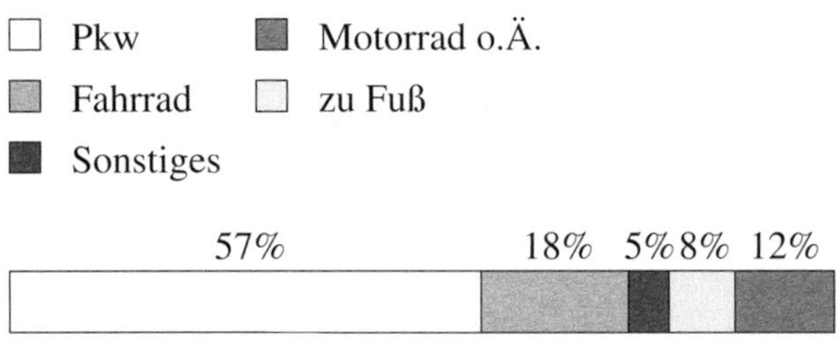

2 a) Preiserhöhung: 7,75 € − 7,50 € = 0,25 €
$p = \frac{W}{G} \cdot 100 = \frac{0{,}25\,€}{7{,}50\,€} \cdot 100 \approx 3{,}30$
Der Preis wurde um ca. 3,3 % erhöht.

b) Preis für 20 Spindeln ohne Rabatt:
$20 \cdot 7{,}75\,€ = 155\,€$
Rabatt: $W = p \cdot \frac{G}{100} = 3{,}5 \cdot \frac{155\,€}{100} \approx 5{,}43\,€$
Der Kunde erhält beim Kauf von 20 Spindeln 5,43 € Rabatt.

c) alter Preis: $20 \cdot 7{,}50\,€ = 150{,}00\,€$
neuer Preis: 155 € − 5,43 € = 149,57 €
Preissenkung: 150,00 € − 149,57 € = 0,43 €
$p = \frac{W}{G} \cdot 100 = \frac{0{,}43\,€}{150{,}00\,€} \cdot 100 \approx 0{,}3$
Der Preis ist um ca. 0,3 % gesunken.

3 a) $Z = \frac{P \cdot K \cdot t}{100 \cdot 360} = \frac{18 \cdot 4320\,€ \cdot 20}{100 \cdot 360} = 43{,}20\,€$
Die Überziehungszinsen betragen 43,20 €.

b) $W = p \cdot \frac{G}{100} = 15 \cdot \frac{5800\,€}{100} = 870\,€$
Durch den Rabatt spart Herr Graubert 870 €.

c) Ersparnis: 870 € – 43,20 € = 826,80 €
$p = \frac{W}{G} \cdot 100 = \frac{826{,}80\,€}{5800\,€} \cdot 100 \approx 14{,}3$
Insgesamt spart Herr Graubert ca. 14,3 %.

4 a)
- Angebot A:
  Anzahlung: $W = p \cdot \frac{G}{100} = 30 \cdot \frac{12\,000\,€}{100} = 3600\,€$
  Raten gesamt: $36 \cdot 270\,€ = 9720\,€$
  Kosten: 3600 € + 9720 € − 5500 € = 7820 €
- Angebot B:
  Skonto: $W = p \cdot \frac{G}{100} = 2 \cdot \frac{12\,000\,€}{100} = 240\,€$
  Kosten: 12 000 € − 240 € − 5500 € = 6260 €
- Angebot C:
  Anfangszahlung:
  $W = p \cdot \frac{G}{100} = 40 \cdot \frac{12\,000\,€}{100} = 4800\,€$
  Ratenzahlungen gesamt: $36 \cdot 110\,€ = 3960\,€$
  Kosten: 4800 € + 3960 € = 8760 €

Die Gesamtkosten betragen bei Angebot A 7820 €, bei Angebot B 6260 € und bei Angebot C 8760 €.

b) Kosten im ersten Jahr:
Angebot A: Raten: $12 \cdot 270\,€ = 3240\,€$
gesamt: 3600 € + 3240 € = 6840 €
Angebot B: 12 000 € − 240 € = 11 760 €
Angebot C: Raten: $12 \cdot 110\,€ = 1320\,€$
gesamt: 4800 € + 1320 € = 6120 €
Bei Angebot C muss Familie Janke im ersten Jahr am wenigsten zahlen.

5 a) $W = p \cdot \frac{G}{100}$
- „Sunfly“:
  Senkung auf 98 % und danach auf 92 %:
  $W = 98 \cdot \frac{1000\,€}{100} = 980\,€$
  $W = 92 \cdot \frac{980\,€}{100} = 901{,}60\,€$
- „Urlaub + Reisen“:
  Senkung auf 96 % und danach auf 94 %:
  $W = 96 \cdot \frac{1000\,€}{100} = 960\,€$
  $W = 94 \cdot \frac{960\,€}{100} = 902{,}40\,€$
- „City-Reisen“:

Senkung auf zweimal 95 %:

$W = 95 \cdot \frac{1000\,€}{100} = 950\,€$

$W = 95 \cdot \frac{950\,€}{100} = 902{,}50\,€$

Nach der zweiten Preissenkung ist das Angebot von „Sunfly“ mit 901,60 € am günstigsten, das Angebot von „Urlaub + Reisen“ ist mit 902,40 € etwas teurer und das Angebot von „City-Reisen“ ist mit 902,50 € am teuersten.

b) mögliche Preisdifferenzen:
$1000\,€ - 980\,€ = 20\,€$
$980\,€ - 901{,}60\,€ = 78{,}40\,€$
$1000\,€ - 901{,}60\,€ = 98{,}40\,€$

Zahlen und Größen

Seite 8

Teste deine Grundfertigkeiten

	A	B	C	D
1	×			×
2a	×			
2b	×	×	×	
3	×	×	×	
4			×	×
5a	Elefant Kalam wiegt 4 t.			
5b	Ein Klassenraum ist 15 m lang.			
6		×	×	
7	1, 2 und 4			
8			×	×
9			×	
10		×	×	
11	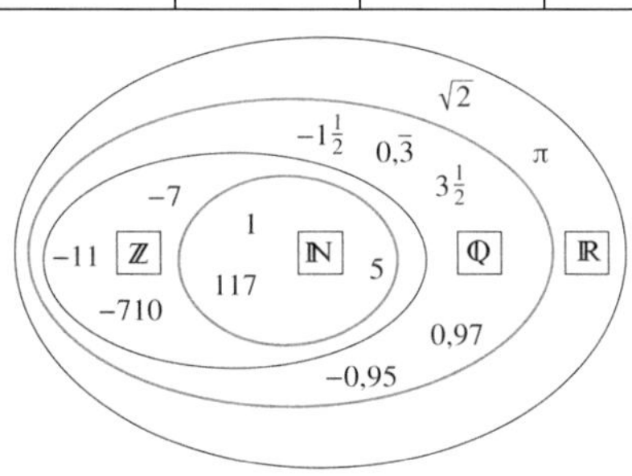			

Seite 9

Aufgaben zum Trainieren

1 a)
- Einheiten der Zeit:
  $6\text{ h} = \frac{1}{4}\text{ Tag} = 0{,}25\text{ Tage}$
  $4\text{ s} = \frac{1}{15}\text{ min} = 0{,}0\overline{6}\text{ min}$
  $25\text{ min} = \frac{5}{12}\text{ h} = 0{,}41\overline{6}\text{ h}$
- Einheiten der Masse:
  $200\text{ g} = 0{,}2\text{ kg}$
  $500\text{ kg} = 0{,}5\text{ t}$
  $95\text{ mg} = 0{,}095\text{ g}$
- Einheiten des Geldes:
  $60\,000\text{ ct} = 600\,€$
  3,50 € (Es gibt keine größere Einheit.)
- Einheiten der Länge:
  $20\text{ dm} = 2\text{ m}$
  $780\text{ m} = 0{,}78\text{ km}$
  $100\text{ cm} = 10\text{ dm}$
  $540\text{ mm} = 54\text{ cm}$
- Einheiten der Fläche:
  $1800\text{ cm}^2 = 18\text{ dm}^2$
  $4\text{ a} = 0{,}04\text{ ha}$
- Einheiten des Volumens:
  $280\text{ cm}^3 = 0{,}28\text{ dm}^3$ (= 0,28 l)
  $25\text{ ml} = 0{,}025\text{ l}$ (= $0{,}025\text{ dm}^3$)
  $7{,}85\text{ mm}^3 = 0{,}00785\text{ cm}^3$ (= 0,00785 ml)

b) $0{,}5\text{ s} < 40\text{ s} < \frac{3}{4}\text{ min} < \frac{3}{4}\text{ h} < 8\text{ Monate} < \frac{3}{4}\text{ Jahr} < 50\text{ Wochen}$

c)
- Die durchschnittliche Zeit zwischen zwei Atemzügen bei Menschen beträgt etwa … (4 s)
- Die Masse dieses Arbeitsheftes mit beigelegten Lösungen beträgt etwa … (200 g)
- Wenn zwei bis drei Schachteln pro Woche geraucht werden, betragen die Kosten für Zigaretten im Jahr etwa … (60 000 ct)
- Viele Türen von Räumen sind etwa … (20 dm) hoch.
- Für die Herstellung eines Fußballs werden mindestens … (1800 cm^2) Leder benötigt.
- Fast jeder besitzt eine große Tasse mit einem Volumen von etwa ... (280 cm^3)

2 a) $0{,}3 < \frac{1}{3} < 1\frac{1}{5} < 1{,}\overline{3} < \frac{3}{2} = 1{,}5 < 1{,}\overline{5}$

b) $3^{-2} < 2^{-3} < 3^{-1} < 3^0 < 2{,}3 < 3{,}2 < 2^3 < 3^2$
0^0 ist nicht definiert

c) $-4 < -\frac{22}{7} < -\pi < -0{,}85 < 3{,}3 \cdot 10^{-3} < \sqrt{2} < 3\frac{2}{5}$

d) $0{,}74\text{ dm}^2 < 0{,}02\text{ m}^2 < 8{,}13\text{ dm}^2 < 24\text{ dm}^2 < \frac{1}{2}\text{ m}^2$

e) $2\text{ mm} < 2\text{ dm} < 200\text{ cm} < 2\frac{1}{2}\text{ m} < 0{,}2\text{ km}$

f) $400\text{ mg} < 4\text{ g} < 0{,}04\text{ kg} < 0{,}04\text{ t} < \frac{4}{10}\text{ t}$

3 a) $700\text{ g} + 275\text{ g} + 3\text{ g} = 978\text{ g}$

b) $400\text{ m} + 36\text{ m} - 0{,}15\text{ m} = 435{,}85\text{ m}$

c) $234 \cdot 10^8\text{ km}$

d) $3\frac{5}{6}\text{ s} + 4\frac{1}{2}\text{ s} = 8\frac{1}{3}\text{ min} = 8{,}\overline{3}\text{ min}$

e) $70\text{ cm} + 800\text{ cm} + 700\text{ cm} = 1570\text{ cm}$

f) $0{,}9\text{ kg} + 1{,}2\text{ kg} = 2{,}1\text{ kg}$

4 a) Die Aussage ist falsch. Nur 18 natürliche Zahlen liegen zwischen 98 und 79:
80; 81; 82; 83; 84; 85; 86; 87; 88; 89;
90; 91; 92; 93; 94; 95; 96; 97

b) Die Aussage ist falsch, da 9 kein Teiler von 129 ist.

c) Die Aussage ist wahr, da 3 und 5 Teiler von 15 sind.
Ist 15 ist ein Teiler von einer Zahl b, dann gibt es eine natürliche Zahl n, sodass $b = n \cdot 15$ gilt. Es folgt $b = (n \cdot 5) \cdot 3$ und $b = (n \cdot 3) \cdot 5$, d. h. auch 3 und 5 sind Teiler der Zahl b.

d) Die Aussage ist wahr, da die Summe zweier ungerader Zahlen stets gerade ist. Jede gerade Zahl ist durch 2 teilbar.

e) Die Aussage ist wahr, falls Zähler und Nenner natürliche Zahlen sind.

f) Die Aussage ist falsch. Es gibt vier Primzahlen, die kleiner als 10 sind: 2; 3; 5 und 7.

g) Die Aussage ist wahr. Irrationale Zahlen wie $\sqrt{2}$ und π können nicht als Bruch geschrieben werden.

h) Die Aussage ist wahr. Der Betrag einer Zahl entspricht dem Abstand der Zahl zur Null auf der Zahlengeraden.

i) Die Aussage ist falsch. Die Reihenfolge kann entweder Tina – Tanja - Toni oder auch Tanja – Tina – Toni sein.

k) Die Aussage ist falsch.
Die Primzahl 2 ist gerade

Terme, Gleichungen und Ungleichungen

Seite 10

Teste deine Grundfertigkeiten

	A	B	C	D
1		×		
2			×	
3	×	×	×	
4		(×)		×
5	(1) $64x^2 + 72xy + 81y^2$ (2) $2{,}25v^2 - 12vs + 64s^2$ (3) $5{,}76z^2 - 0{,}64$			
6		×	×	×
7	×			×
8			×	
9				×
10		×	×	
11		(×)		×
12	×	×		

Seite 11

Aufgaben zum Trainieren

1 a) (1) $-8t^3 + 4t + 79$
(2) $\frac{-2a-20s}{15}$
(3) $36d^2 - 12de + 4e^2 + 20x + 15x^2$

b) (1) $a = 3$ (2) $b = -3$

c) (1) $L = \{32\}$
(2) $L = \{\}$
(3) $L = \{-\frac{1}{3}\}$
(4) $L = \{d \mid d \in \mathrm{IR}; -3 < d < 3\}$
(5) $L = \{-7\}$

d) (1) $r = \frac{ac}{3b}$ (2) $r = \sqrt[3]{\frac{3V}{4\pi}}$

2 a) x: Anzahl der Dosen
$0{,}3x + 0{,}5 \leq 12$
$x \leq 38{,}3$
Es können maximal 38 Dosen verpackt werden.

b) Masse des Aluminiums: $60 \cdot 20\ \text{g} = 1200\ \text{g}$
x: Anzahl der Würfel zu 15 g
$15x \leq 1200$
$x \leq 80$
Es könnten 80 Würfel zu 15 g entstehen.

c) x: Schenkellänge in cm
$2x + 4 \leq 15$
$x \leq 5{,}5$
Die Schenkel können maximal 5,5 cm lang sein.

b) Oberflächeninhalt des Balles:
$A_O = 4\pi r^2 = 4\pi \cdot (10\ \text{cm})^2 \approx 1257\ \text{cm}^2$
zusätzlich benötigte Fläche:
$W = p \cdot \frac{G}{100} \approx 25 \cdot \frac{1257\ \text{cm}^2}{100} \approx 314\ \text{cm}^2$
Gesamtfläche: $1257\ \text{cm}^2 + 314\ \text{cm}^2 = 1571\ \text{cm}^2$
Es werden ca. $1571\ \text{cm}^2$ Leder benötigt.

3 a) (1) $12 \cdot (6x - 16) = 14 \cdot (10x - 4)$
$72x - 192 = 140x - 56$
$-68x = 136$
$x = -2$ $L = \{-2\}$
(2) $4x^2 - 10x + 24 > 4x^2 - 2x + 2$
$-8x > -22$
$x < 2{,}75$
$L = \{x \mid x \in \mathrm{IR}; x < 2{,}75\}$

b) $x = -2$ ist bei (1) und (2) Lösung.
x = 3,2 ist bei (1) und (2) keine Lösung.

c)
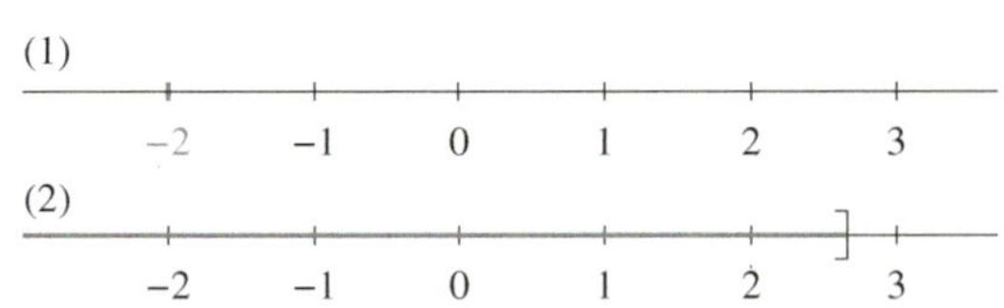

d) Keine natürliche Zahl erfüllt Gleichung (1).
0, 1 und 2 erfüllen die Ungleichung (2).

4 a) $u = 7{,}5\text{ cm} + 2 \cdot 3\text{ cm} + 7 \cdot 1{,}5\text{ cm} = 24\text{ cm}$
$A = 7{,}5\text{ cm} \cdot 1{,}5\text{ cm} + 2 \cdot (1{,}5\text{ cm})^2$
$= 15{,}75\text{ cm}^2$

b) Verlängert man die vertikale Strecke unten rechts, wird der Buchstabe in ein Rechteck mit den Seitenlängen $5x$ und x sowie 2 Quadrate mit der Seitenlänge x zerlegt.
$A = 5x \cdot x + 2 \cdot x^2 = 7x^2$

c) $u = 5x + 2 \cdot 2x + 7 \cdot x = 16x$

d) $x = 2\text{ m} : 5 = 0{,}4\text{ m}$
$A = 7 \cdot (0{,}4\text{ m})^2 = 1{,}12\text{ m}^2$
Die Feuerwehr benötigt für $1{,}12\text{ m}^2$ rote Farbe.
$u = 16 \cdot 0{,}4\text{ m} = 6{,}40\text{ m}$
Der Lichtschlauch sollte mindestens 6,40 m lang sein.

Lineare Gleichungssysteme

Seite 12

Teste deine Grundfertigkeiten

	A	B	C	D
1		×		
	$L = \{(1; 3)\}$			
2	×	×	×	
3		×		
4		×	×	
5	Einsetzungsverfahren Gleichsetzungsverfahren Additionsverfahren			
6			×	×
7	$L = \{(2; 1)\}$			
8		×	×	

Seite 13

Aufgaben zum Trainieren

1 a) z. B. Einsetzen von Gleichung II in I:
$2 \cdot (10x - 22) = 4x + 4$
$20x - 44 = 4x + 4$
$16x = 48$
$x = 3$
z. B. Einsetzen in Gleichung II:
$y = 10 \cdot 3 - 22$
$y = 8$ $\qquad L = \{(3; 8)\}$

b) z. B. Auflösen von Gleichung II nach u und Einsetzen in Gleichung I:
$2 \cdot (6v - 16) - 3v = -8$
$9v - 32 = -8$
$v = \frac{8}{3}$
z. B. Einsetzen in Gleichung II:
$6 \cdot \frac{8}{3} - u = 16$
$u = 0$ $\qquad L = \{(0; \frac{8}{3})\}$

c) z. B. „Addition“ von Gleichung I und II:
$4y = 2$
$y = \frac{1}{2}$
z. B. Einsetzen in Gleichung I:
$x + 2 \cdot \frac{1}{2} = 1$
$x = 0$ $\qquad L = \{(0; \frac{1}{2})\}$

d) z. B. Auflösen von Gleichung III nach z und Einsetzen in Gleichung I sowie in Gleichung II: $\quad z = 4y - 17$
Gleichung I: $3x + y - 2\,(4y - 17) = -3$
Gleichung II: $-3x + y + (4y - 17) = 6$
„Addition“ von Gleichung I und II sowie Terme zusammenfassen:
$-2y + 17) = 3$
$y = 7$
Einsetzen von y in Gleichung III zur Bestimmung von z und Einsetzenvon y und z in Gleichung I oder II zur Bestimmung von x:
$L = \{4/\ 7/\ 11\}$

2 a) (1) $3x + 2y = 26$
(2) $5x - 3y = 56$
z.B. Multiplikation von Gleichung (1) mit $\frac{3}{2}$ und Addition zu Gleichung (2):
$\frac{19}{2}x = 95$
$x = 10$
z.B. Einsetzen in Gleichung (1):
$3 \cdot 10 + 2y = 26$
$y = -2$ $\qquad L = \{(10; -2)\}$
Die Zahlen lauten 10 und –2.

b) x: größere Ziffer $\qquad y$: kleinere Ziffer
(1) $x + y = 12$
(2) $x - y = 2$
z.B. Addition von Gleichung (1) und (2):
$2x = 14$
$x = 7$
z.B. Einsetzen in Gleichung (1):
$7 + y = 12$
$y = 5$ $\qquad L = \{(7; 5)\}$
Die Zahl kann 75 oder 57 lauten.

c) x: Anzahl der Hühner
y: Anzahl der Kaninchen
(1) $x + y = 37$
(2) $2x + 4y = 106$
z.B. Auflösen von Gleichung (1) nach x und Einsetzen in Gleichung (2):
$2 \cdot (37 - y) + 4y = 106$
$y = 16$
z.B. Einsetzen in Gleichung (1):
$x + 16 = 37$
$x = 21$ $\qquad L = \{(21; 16)\}$
Es sind 21 Hühner und 16 Kaninchen.

Elias, Morike, Jonas, Jason

d) a und b seien die Längen der Seiten in cm.
$u = 2a + 2b$ $A = ab$
(1) $2a + 2b = 20$ (2) $ab = 24$
z.B. Auflösen von Gleichung (1) nach b:
$b = 10 - a$
Einsetzen in Gleichung (2).
$a(10 - a) = 24$
$a^2 - 10a + 24 = 0$ $a_1 = 6$ $a_2 = 4$
z.B. Einsetzen in die umgeformte Gleichung (1): $b_1 = 10 - 6 = 4$ $b_2 = 10 - 4 = 6$
Die Seiten sind 6 cm und 4 cm lang.

3 a) 7 Erwachsene im Verein:
380 € - 7 · 10 € = 310 €
Die Einnahmen für Kinder und Jugendliche betragen 310 €.
71 – 7 = 64
Es sind 61 Kinder und Jugendliche im Verein.
Lösen des Gleichungssystems:
x: Anzahl der Kinder y: Anzahl der Jugendlichen
I: $4x + 6y = 310$
II: $x + y = 64$
$x = 37$ $y = 27$ $L = \{37 / 27\}$
37 Kinder und 27 Jugendliche sind im Verein.

b) Es gibt zwei Möglichkeiten:
1. Möglichkeit - Ein Kind wird zum Jugendlichen:
Jugendliche zahlen 6 €, Kinder 4 €.
6 € - 4 € = 2 €
Die Mehreinnahmen betragen 2 €.
2. Möglichkeit - Ein Jugendlicher wird zum Erwachsenen:
Erwachsene zahlen 10 €, Jugendliche 6 €.
10 € - 6 € = 4 €
Die Mehreinnahmen betragen 4 €.

4 a) a sei die Kantenlänge der acht Kanten der beiden Quadrate in cm, b sei die Kantenlänge der vier anderen Kanten in cm.
(1) $8a + 4b = 140$ (2) $b - a = 5$
z.B. Auflösen von Gleichung (2) nach b und Einsetzen in Gleichung (1):
$8a + 4 \cdot (5 + a) = 140$ $a = 10$
z.B. Einsetzen in Gleichung (2):
$b - 10 = 5$
$b = 15$ $L = \{(10; 15)\}$
Die Kanten sind 10 cm und 15 cm lang.

c) (1) $8a + 4b = 120$ (2) $b = 4a$
z.B. Einsetzen in Gleichung (1):
$8a + 4 \cdot 4a = 120$ $a = 5$
z.B. Einsetzen in Gleichung (2):
$b = 4 \cdot 5$ $b = 20$ $L = \{(5; 20)\}$
Die Kanten sind 5 cm und 20 cm lang.

5 a) m: Preis einer Flasche Multivitaminsaft in €
s: Preis einer Flasche Sanddornsaft in €
(1) $6m + 6s = 8{,}7$
(2) $8m + 4s = 8{,}2$
z.B. Multiplikation von Gleichung (2) mit $-\frac{3}{2}$ und Addition zu Gleichung (2):
$-6m = -3{,}6$
$m = 0{,}6$
z.B. Einsetzen in Gleichung (2):
$8 \cdot 0{,}6 + 4s = 8{,}2$
$s = 0{,}85$ $L = \{(0{,}6; 0{,}85)\}$
Eine Flasche Multivitaminsaft kostet 0,60 €, eine Flasche Sanddornsaft kostet 0,85 €.

b) 8 · 0,60 € + 8 · 0,85 € = 11,60 €
Werden von jeder Sorte 8 Flaschen gekauft, sind 11,60 € zu bezahlen.

c) x: Anzahl der Flaschen Multivitaminsaft
y: Anzahl der Flaschen Sanddornsaft
$0{,}6x + 0{,}85y = 14{,}5$
Gekauft werden können nur ganze Flaschen.
Im Bereich der natürlichen Zahlen besitzt die Gleichung nur die Lösung (10; 10). Dies lässt sich durch Probieren oder mit einer graphischen Darstellung herausfinden.
Ein Kaufpreis von 14,50 € ergibt sich nur, wenn 10 Flaschen Multivitaminsaft und 10 Flaschen Sanddornsaft gekauft werden.

d) $0{,}6 \cdot 8 + 0{,}85y = 13{,}3$
$y = 10$
Es sind 10 Flaschen Sanddornsaft dabei.

Lineare Funktionen und andere Zuordnungen

Seite 14

Teste deine Grundfertigkeiten

	A	B	C	D
1			×	
2			×	
3	×			×
4	×	×	×	×
5	×			×

6	×			×
7	m: Steigung n: Der Graph schneidet die y-Achse im Punkt $(0\,\vert\,n)$.			
8		×		
9	$y = 3x - 4$			
			×	
10				×

Trainiere an komplexeren Aufgaben

Aufgabe 1

Bestimme die Lösungsmengen der folgenden Gleichungssysteme mit einem Verfahren deiner Wahl.

- Überlege, welches Verfahren jeweils am besten geeignet ist.
- Führe jeweils die Probe durch.

a) I $2y = 4x + 4$
II $y = 10x - 22$

b) I $2u - 3v = -8$
II $6v - u = 16$

c) I $x + 2y = 1$
II $-x + 2y = 1$

d*) I $3x + y - 2z = -3$
II $-3x + y + z = 6$
III $4y - z = 17$

Aufgabe 2

Löse die folgenden Text- und Sachaufgaben jeweils mithilfe eines Gleichungssystems.

a) Von zwei Zahlen ist bekannt: Addiert man zum Dreifachen der ersten Zahl das Doppelte der zweiten Zahl, so erhält man 26. Subtrahiert man das Dreifache der zweiten Zahl vom Fünffachen der ersten Zahl, dann erhält man 56.
Wie heißen diese beiden Zahlen?

b) Die Quersumme einer zweistelligen Zahl ist 12, die Differenz der Ziffern ist 2.
Welche Zahl könnte es sein?

c) Sophie verlebt ihre Ferien auf dem Bauernhof. Sie darf die Hühner und Kaninchen füttern. Es sind 37 Tiere mit insgesamt 106 Beinen.
Wie viele Hühner und wie viele Kaninchen leben auf dem Bauernhof?

d) Von einem Rechteck ist bekannt, dass der Umfang 20 cm und der Flächeninhalt 24 cm^2 beträgt.
Wie lang sind die Seiten des Rechtecks?

Aufgabe 3

Der Kassenwart eines Sportvereins sammelt von allen Mitgliedern die Monatsbeiträge ein.
Kinder bis 13 Jahre zahlen 4 € ein, Jugendliche ab 14 Jahren 6 € und Erwachsene ab 18 Jahren 10 €.

a) Nachdem alle 71 Mitglieder des Sportvereins gezahlt haben, befinden sich 380 € in der Kasse.
Sieben Erwachsene sind im Verein. Wie viele Jugendliche gehören zum Sportverein?

b) Ein Mitglied hat bald Geburtstag und zahlt deshalb beim nächsten Mal mehr.
Auf wie viel Euro können dadurch die Einnahmen steigen, wenn sich sonst nichts ändert?

Aufgabe 4

Aus einem Draht mit einer Länge von 1,40 m wird das Kantenmodell eines Quaders mit zwei quadratischen Begrenzungsflächen hergestellt. Die Differenz der kurzen Kanten an den quadratischen Flächen und der längeren Kanten beträgt 5 cm.

a) Stelle ein Gleichungssystem auf und berechne die Kantenlängen des Körpers.
Hinweis: Skizziere zuvor den Quader.

b) Wie lang sind die Kanten, wenn der Draht 20 cm kürzer ist und die langen Kanten viermal so lang wie die kurzen Kanten sind?

Aufgabe 5

Eine Firma bietet im Rahmen einer Werbeveranstaltung zum Thema „Gesund leben“ verschiedene Fruchtsäfte an.
Angebot 1: Je 6 Flaschen Multivitaminsaft und Sanddornsaft kosten 8,70 €.
Angebot 2: 8 Flaschen Multivitaminsaft und 4 Flaschen Sanddornsaft kosten 8,20 €.

a) Ermittle den Preis einer Flasche.

b) Was ist zu zahlen, wenn 8 Flaschen von jeder Sorte gekauft werden?

c) Welche Zusammenstellung von Säften könnte man für 14,50 € erwerben? Begründe deine Aussage.

d) Ein Kunde kauft Saft für 13,30 €. Es sind genau 8 Flaschen Multivitaminsaft dabei.
Berechne die Anzahl der Flaschen mit Sanddornsaft.

Lineare und andere Funktionen

Zuordnungen begegnen uns in allen Lebensbereichen, z. B. ist auf einer Senderfrequenz ein bestimmter Radiosender zu finden und jedes Brötchen hat einen bestimmten Preis. Wenn es sich dabei sogar um eine eindeutige Zuordnung handelt, spricht man von einer Funktion. Eine Klasse von Funktionen sind die linearen Funktionen.

Teste deine Grundfertigkeiten

1 Handelt es sich um Graphen von Funktionen?

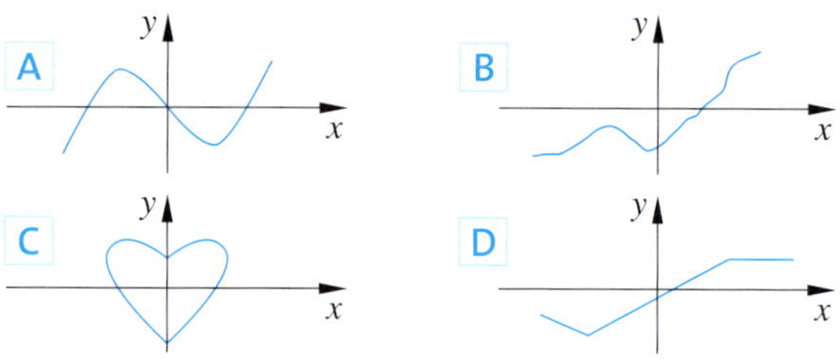

2 Jedes Brötchen kostet 0,20 €. Welche Zahlen sind zu ergänzen, damit eine lineare Zuordnung besteht?

x (Anzahl der Brötchen)	1	3	
y (Gesamtpreis in €)	0,20		1,40

A $x = 0{,}60;\; y = 7$ B $x = 0{,}70;\; y = 6$
C $x = 7;\; y = 0{,}60$ D $x = 6;\; y = 0{,}70$

3 Welche Funktionsgleichungen beschreiben die Zuordnung aus Aufgabe 2?

A $y = f(x) = 0{,}2x$ B $y = h(x) = 1x$
C $y = t(x) = x + x$ D $y = g(x) = 0{,}2x$

4 Ist für $x = 3$ der Funktionswert $y = 8$?

A $f(x) = 2x + 2$ B $f(x) = -x + 11$
C $f(x) = 4x - 4$ D $f(x) = (x - 1)^3$

5 Zu welchen Funktionen gehört nicht das geordnete Paar (2; 4)?

A $f(x) = 5x - 4$ B $f(x) = x^2$
C $f(x) = \sqrt{5x + 6}$ D $f(x) = \frac{8}{x^2}$

6 Bei welchen Funktionen ist der gegebene x-Wert Nullstelle der Funktion?

A $y = x^3 - 1;\; x = 1$ B $y = 2x + 3;\; x = 1{,}5$
C $y = \frac{4}{x};\; x = 1$ D $y = 8x - 4;\; x = 0{,}5$

7 Gleichungen linearer Funktionen kann man in der Form $y = mx + n$ notieren. Welche Bedeutung haben m und n für den Verlauf der Graphen?

____

____

8 Der Graph ist das Bild einer linearen Funktion $y = f(x) = mx + n$.
Welche Aussagen sind richtig?

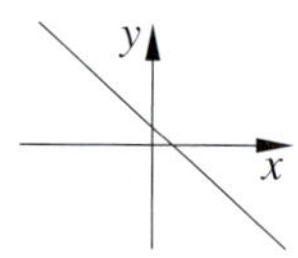

A $m > 0$ und $n > 0$ B $m < 0$ und $n > 0$
C $m < 0$ und $n < 0$ D $m > 0$ und $n < 0$

9 Forme die Gleichung $12x - 4y = 16$ so um, dass du m und n ablesen kannst.

A $m = 12$ und $n = -16$ B $m = 3$ und $n = 16$
C $m = 3$ und $n = -4$ D $m = -3$ und $n = 4$

10 Einer Zahl x wird jeweils ihr 5-faches vermindert um 3 zugeordnet. Wie lautet die Funktionsgleichung?

A $y = f(x) = 5x + 3$ B $y = f(x) = (x + 5) - 3$
C $y = f(x) = 3x - 5$ D $y = f(x) = 5x - 3$

11 Gib die Funktionsgleichungen und Nullstellen an.

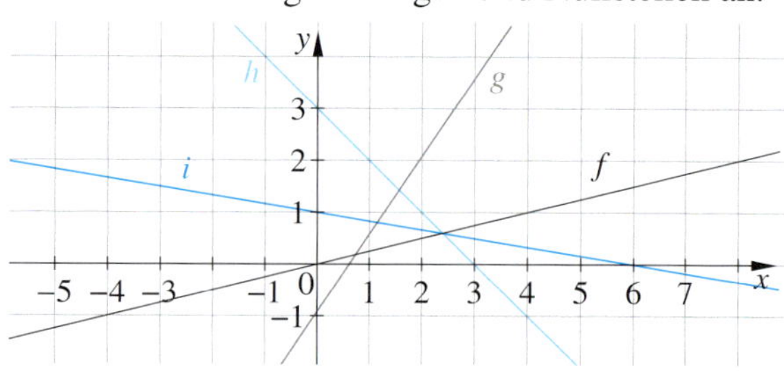

____

____

9 bis 11 Aufgaben sind richtig. Deine Grundfertigkeiten sind gut.
7 bis 8 Aufgaben sind richtig. Deine Grundfertigkeiten sind befriedigend.
Weniger als 7 Aufgaben sind richtig. Deine Grundfertigkeiten sind noch nicht ausreichend.

Literaturhinweis: Mathematik in Übersichten S. 79 ff. und S. 85 ff.

TRAINIEREN AN KOMPLEXEREN AUFGABEN

AUFGABE 1

Bei einem Stromanbieter gibt es zwei Tarife.

Tarif A: jährliche Grundgebühr von 72 € und 17,2 ct pro kWh
Tarif B: jährliche Grundgebühr von 108 € und 15,8 ct pro kWh

a) Berechne für beide Tarife die Preise für einen Jahresverbrauch von 500 kWh und 3000 kWh.

b) Stelle jeweils eine Funktionsgleichung auf, die den Kilowattstunden den Preis pro Jahr zuordnet. Gib die Bedeutung der Variablen an.

c) Zeichne die zu jeder der Gleichungen gehörende Gerade in ein gemeinsames Koordinatensystem. Teile zuvor die Achsen sinnvoll ein.

d) In welchem Punkt schneiden sich die Geraden? Was bedeutet das für den zu wählenden Tarif?

AUFGABE 2

Wer ein Handy besitzt, hat nicht selten ein Problem, wenn es darum geht, den günstigsten Tarif auszuwählen.

Tarif	monatliche Grundgebühr	Preis pro Minute	Hinweis
Easy	–	0,39 €	[1] Die ersten 45 Minuten sind frei. Es muss dann nur die Grundgebühr bezahlt werden.
Telly	4,95 €	0,29 €	
Relax[1]	14,95 €	0,49 €	[2] Für monatlich 29,95 € kann beliebig lange telefoniert werden.
Flat[2]	29,95 €	–	

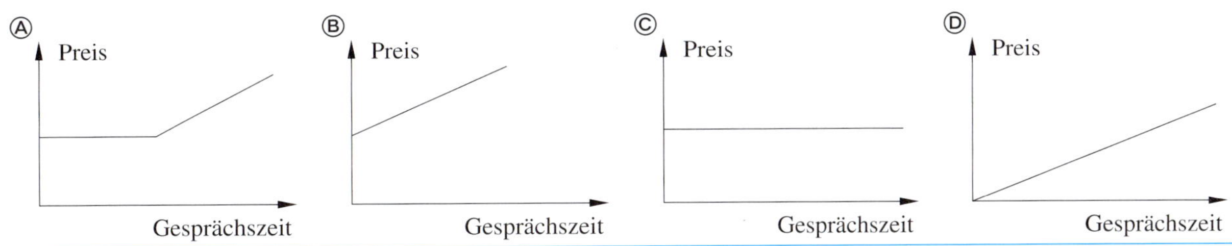

a) Ordne jedem Tarif das Diagramm zu, das der Zuordnung *Gesprächszeit* → *Preis* am ehesten entspricht. Begründe deine Entscheidungen.

b) Vergleiche die Kosten für ein 7 Minuten langes Gespräch im Tarif „Easy“ und für ein 15 Minuten langes Gespräch im Tarif „Telly“.

c) Bestimme die Funktionsgleichungen für die Tarife „Easy“ und „Telly“.

d) Schreibe einen kurzen Bericht für eine Zeitschrift mit Empfehlungen für die Handytarife. Zeichne dazu die Graphen der vier Zuordnungen in ein Koordinatensystem.

AUFGABE 3

Ein Güterzug fährt um 12:00 Uhr durch den Bahnhof von Jena. Ein Regionalexpress folgt später. Er ist schneller als der Güterzug. Im Diagramm wurde dargestellt, wann sich die Züge wie weit von Jena entfernt haben.

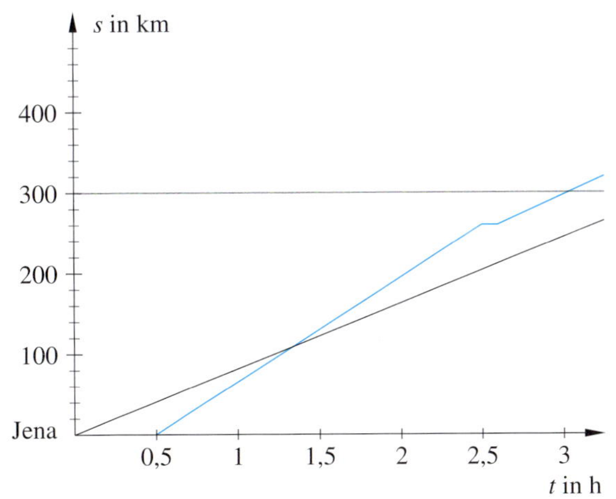

a) Entscheide mithilfe des Diagramms, welcher Zug auf der Strecke anhält. Begründe.

b) Bestimme, wie viele Kilometer der Güterzug in den zwei Stunden nach dem Durchqueren des Bahnhofs von Jena zurückgelegt hat.

c) An einer Ausweichstelle überholt der Regionalexpress den Güterzug. Wie viele Kilometer ist diese Ausweichstelle etwa von Jena entfernt?

d) Wie lange brauchen der Güterzug und der Regionalexpress um die ersten 100 km „hinter Jena“ zurückzulegen?

e) Berechne die Durchschnittsgeschwindigkeit des Güterzugs auf den ersten 200 km nach Jena.

AUFGABE 4

Eine brennende Haushaltskerze, die neu 24 cm lang war, wird beim Abbrennen beobachtet. Dabei wird festgestellt, dass ihre Länge pro Stunde um 4 cm abnimmt.

a) Bestimme die gesamte Brenndauer der Kerze?
b) Am ersten Tag wird die Kerze nach 150 min ausgepustet. Wie lang ist die Kerze dann noch?
c) Angenommen die neue Kerze wird angezündet und brennt danach kontinuierlich ab.
Welche der beiden Gleichungen $y = 4x - 24$ oder $y = -4x + 24$ beschreibt diese Funktion f?
Begründe deine Entscheidung.
d) Was geben die beiden Variablen x und y in der Funktionsgleichung an?
f) Berechne die Nullstelle der Funktion f.
Was gibt die Nullstelle praktisch an?
g) Gib jeweils einen geeigneten Definitions- und Wertebereich für die Funktion an.
Begründe die Einschränkungen.

AUFGABE 5

Gegeben sind die Gleichungen zweier linearer Funktionen f und g mit $f(x) = 2x - 3$ und $g(x) = -2x + 5$.

a) Zeichne die Graphen der Funktionen f und g.
b) Berechne die Nullstellen beider Graphen und vergleiche mit der grafischen Lösung.
c) Zeichne eine zum Graphen der Funktion f senkrecht verlaufende Gerade k mit derselben Nullstelle in das Koordinatensystem ein. Gib eine Gleichung für diese Gerade an.
d) Berechne die Koordinaten des Schnittpunktes S der Graphen der Funktion f und g. Vergleiche diese mit denen aus der grafischen Darstellung.
e) Der Graph der Funktion g wird um 3 Längeneinheiten in Richtung der positiven y-Achse verschoben. Gib eine Gleichung der zugehörigen linearen Funktion l an.

AUFGABE 6

Gegeben sind lineare Gleichungen mit zwei Variablen: I $2x + 4y = 4$ und II $6x - 2y = 12$.

a) Gib je zwei Zahlenpaare an, die Lösungen der Gleichung I bzw. der Gleichung II sind.
b) Ergänze die Zahlenpaare $\left(\frac{2}{3}; \ldots\right)$ und $(\ldots; -9)$ so, dass sie Lösungen der Gleichung I sind.
c) Überprüfe rechnerisch, ob die Punkte $P(-2; 4)$ und $Q\,(2{,}5; 1{,}5)$ auf den Geraden liegen.
d) Überprüfe grafisch deine Ergebnisse zu den Teilaufgaben a) bis c).
e) Löse das durch die beiden Gleichungen gebildete lineare Gleichungssystem rechnerisch.
f) Lies die Koordinaten des Schnittpunktes S beider Graphen ab und vergleiche dein Ergebnis mit dem der Teilaufgabe e).
g) Unter welchen Winkeln schneiden die Graphen der Funktionen zu den Gleichungen I und II die x-Achse?

AUFGABE 7

Die allseits bekannten Schuhgrößen berechnen sich wie folgt:
Zur in Zentimetern gemessenen Fußlänge werden 1,5 cm addiert. Die Summe wird danach mit 1,5 multipliziert.

a) Carinas Fuß ist 22,5 cm lang.
Welche Schuhgröße hat Carina?
b) Finde für die Zuordnung
Fußlänge in cm → *Schuhgröße* eine Gleichung.
c) Erstelle für die Zuordnung
Fußlänge in cm → *Schuhgröße* eine Tabelle und ein Diagramm. Beginne mit einer Fußlänge von 21 cm und ende bei Schuhgröße 43.
d) Laut Guinnessbuch der Rekorde hat der Amerikaner Matthew McGrory mit Schuhgröße 63 die bisher größten Füße. Wie lang sind sie?
e) Der größte Lederstiefel der Welt wurde von der Red Wing Shoe Company in Minnesota gefertigt. Schätze, welche Schuhgröße der abgebildete Stiefel hat.

AUFGABE 8

Gegeben sind zwei Funktionen f und g durch ihre Darstellung im Koordinatensystem..

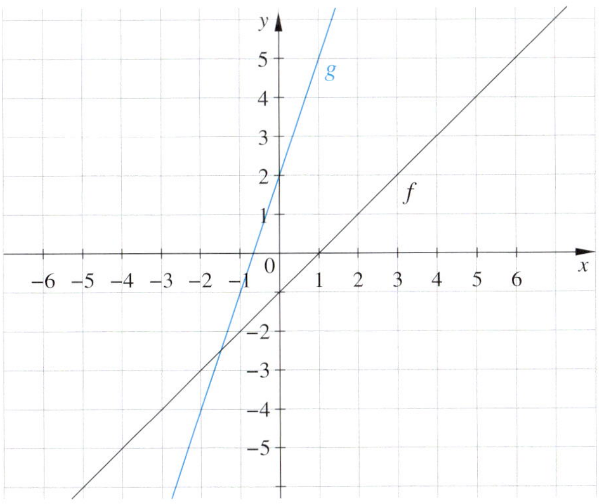

a) Gib die Funktionsgleichungen an.
b) Welche der Geraden hat den größeren Anstieg?
c) Berechne die Koordinaten des Schnittpunktes S.
d) Zeichne eine zu f parallele Gerade k durch den Punkt $A(1; -2)$ ein. Wie lautet die zugehörige Funktionsgleichung für diese Parallele k?
e) Die Gerade g soll so parallel verschoben werden, sodass sie die Gerade f auf der y-Achse schneidet. Wie lautet die Gleichung dieser Geraden l?
f) Berechne die Achsenschnittpunkte von g.
g) Die blaue Gerade und Abschnitte der beiden Koordinatenachsen bilden ein Dreieck. Berechne den Flächeninhalt des Dreiecks.
h) Der Graph h einer linearen Funktion geht durch $P(0; 1)$ und $Q(2; 2)$. Gib deren Gleichung an.

AUFGABE 9

In einem Parkhaus sind Parkgebühren zu entrichten. Im Diagramm ist ein erster unvollständiger Entwurf für die neue Zuordnung von „Parkdauer in Minuten“ zu „Parkgebühr in Euro“ dargestellt.

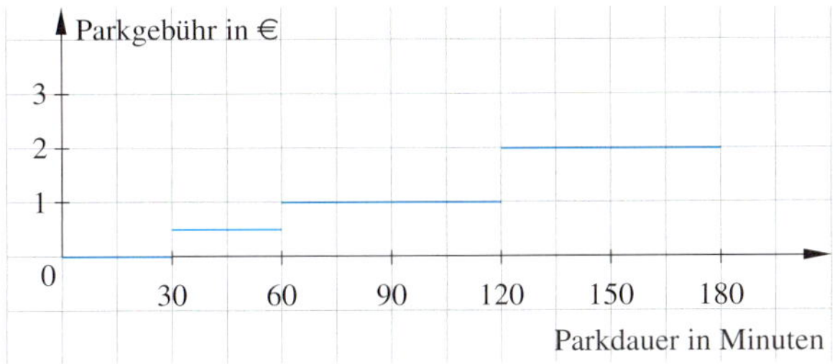

a) Wie viel Euro sind für 20 min (80 min; 150 min) Parken zu zahlen?
b) Formuliere zur grafischen Darstellung eine eindeutige Gebührenordnung in Tabellenform.
c) Wie lange darf man maximal parken, wenn man nicht mehr als 1 € bezahlen will?
d) Ergänze deine Gebührenordnung und das Diagramm um eine Regel für Parkzeiten über 3 h.

AUFGABE 10

Im Koordinatensystem sind die Graphen von vier Funktionen gegeben.

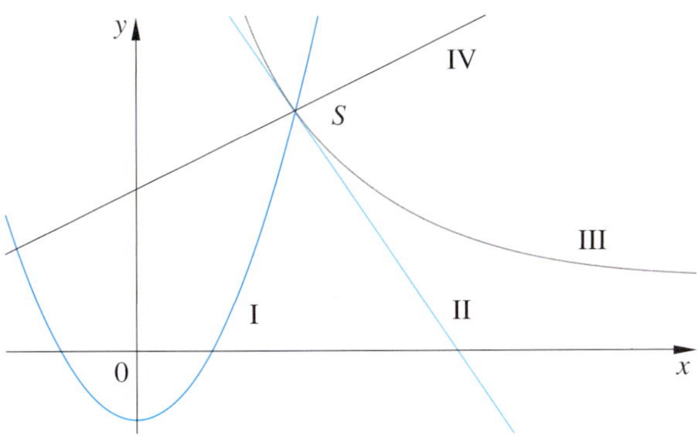

a) Ordne jedem Graphen eine der folgenden Funktionsgleichungen zu und begründe deine Entscheidungen.
① $y = a \cdot x + 2;\ a > 0;\ a, x \in \mathbb{R}$
② $y = -1{,}5 \cdot x + b;\ b > 0;\ b, x \in \mathbb{R}$
③ $y = -x^2 + c;\ c > 0;\ c, x \in \mathbb{R}$
④ $y = x^2 + d;\ d < 0;\ d, x \in \mathbb{R}$
⑤ $y = \frac{k}{x};\ x > 0, k > 0;\ e, x \in \mathbb{R}$
b) Bestimme die Konstanten in den Funktionsgleichungen zu den vier Graphen, wenn der Schnittpunkt S die Koordinaten $(2; 3)$ hat.

AUFGABE 11

Für das Verputzen einer Halle benötigen 4 Maurer insgesamt 12 Arbeitstage. Sie arbeiten stets gleich schnell.

a) Wie viele Arbeitstage würden drei der gleich schnellen Maurer für diese Arbeit benötigen?
b) Gib eine Funktionsgleichung zum Sachverhalt an und zeichne den zugehörigen Graphen.
c) Um welche Art einer Zuordnung handelt es sich? Begründe deine Entscheidung.
d) Damit die Halle schneller fertig wird, erhalten die 4 Maurer nach 3 Arbeitstagen die Unterstützung von 2 weiteren gleich schnellen Maurern. Wie lange dauert das Verputzen der Halle insgesamt?

Quadratische Funktionen und Gleichungen

Es gibt viele Zusammenhänge in der Mathematik, bei denen Quadrate auftreten. Um solche Abhängigkeiten grafisch darstellen zu können, benötigt man quadratische Funktionen. Für das Ausführen von Rechnungen zu quadratischen Funktionen sind Kenntnisse zu quadratischen Gleichungen wichtig.

Teste deine Grundfertigkeiten

1 Markiere die quadratischen Gleichungen.

A $x^2 + 3x - 4 = 0$ B $(x - 2)(x + 2) = 21$
C $4x - 3 = 5x$ D $2x - 6 = 3x^2$

2 Gib die Lösungsformel zum Lösen quadratischer Gleichungen in der Normalform an.

____

3 Wie viele Lösungen kann eine quadratische Gleichung haben?

____

4 Bestimme die Lösungsmenge.

a) $x^2 = 81$

A $L = \{9\}$ B $L = \{-9\}$
C $L = \{-9; 9\}$ D $L = \{0; 9\}$

b) $x^2 - 9 = 40$

A $L = \{7\}$ B $L = \{0; 7\}$
C $L = \{-7; 7\}$ D $L = \{3; 7\}$

c) $x(x - 4) = 0$

A $L = \{0\}$ B $L = \{0; 4\}$
C $L = \{4\}$ D $L = \{-4; 0\}$

5 Zu welchen der folgenden quadratischen Gleichungen gehören die Lösungen $x_1 = 0$ und $x_2 = 2$?

A $x^2 - 2x = 0$ B $4x^2 - 8x = 0$
C $x^2 = 4$ D $2x^2 = 4x$

6 Bei welchen quadratischen Gleichungen ist die Summe der beiden Lösungen in Klammern angegeben.

A $x^2 + 2x - 3 = 0$ [−2] B $x^2 - x - 6 =$ [4]
C $x^2 - 3x = 10$ [3] D $2x^2 - 2x - 4 = 0$ [1]

7 Gib die allgemeinen Funktionsgleichungen quadratischer Funktionen an.

Scheitelpunktform: ____________________

Allgemeine Form: ____________________

8 Welche der folgenden quadratischen Funktionen hat genau zwei Nullstellen?

A $f(x) = x^2 - 4x + 6$ B $f(x) = x^2 - 10x + 9$
C $f(x) = x^2 + 4$ D $f(x) = x^2 - 2x + 1$

9 Bei welchen der gegebenen Funktionen sind die jeweiligen Scheitelpunktkoordinaten angegeben? Nutze entsprechende Formeln aus dem Tafelwerk.

A $y = x^2 - 2$, $S(0; -2)$ B $y = (x + 2)^2 - 2$, $S(2; 0)$
C $y = (x - 2)^2$, $S(2; 0)$ D $y = x^2 - 4x + 4$, $S(2; -2)$

10 Gegeben sind Graphen quadratischer Funktionen. Gib die zugehörigen Scheitelpunkte und Funktionsgleichungen an.

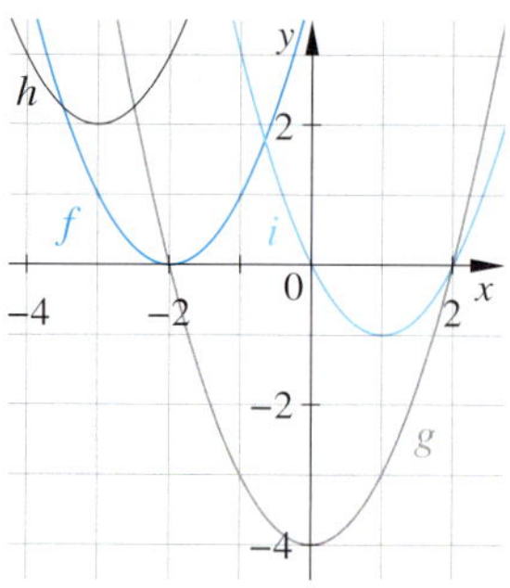

____

____

____

____

____

11 Gib die Nullstellen der Funktion zum hellblauen Graphen aus Aufgabe 10 an.

____

9 bis 11 Aufgaben sind richtig. Deine Grundfertigkeiten sind gut.
7 bis 8 Aufgaben sind richtig. Deine Grundfertigkeiten sind befriedigend.
Weniger als 7 Aufgaben sind richtig. Deine Grundfertigkeiten sind noch nicht ausreichend.

Literaturhinweis: Mathematik in Übersichten S. 60 ff und S. 89 ff.

TRAINIERE AN KOMPLEXEREN AUFGABEN

AUFGABE 1

Forme die folgenden Gleichungen zuerst in die Normalform quadratischer Gleichungen um.
Gib danach die Lösungsmengen an. Für welche reellen Zahlen sind die Bruchterme nicht definiert?

a) $x^2 = 8x - 7$
b) $6c + 56 = c^2$
c) $2x^2 + 16x - 18 = 0$
d) $0 = 28a + 7a^2$
e) $12x^2 + 4x + 2 = 9x^2 + 11x$
f) $2x(5 - x) = 8(3 - 0{,}5x)$
g) $(x + 5)(x - 6) + (x - 2)(x - 3) = -4$
h) $(4x + 3)^2 + (2x - 1)^2 = 10$
i) $\frac{9}{x - 8} = x$
j) $x - 2 = \frac{-4}{x + 1}$
k) $\frac{60}{2b} - \frac{16}{1 + b} = \frac{-13}{2 - b}$

AUFGABE 2

Löse die folgenden Text- und Sachaufgaben. Stelle bei jeder Aufgabe jeweils erst eine quadratische Gleichung auf.
Hinweis: Führe für die jeweils gesuchte Größe eine Variable ein.

a) Das Quadrat der gesuchten Zahl ist gleich ihrem Fünffachen. Welche Zahl könnte es sein?
b) Welche Kantenlänge hat ein Würfel mit dem Oberflächeninhalt 37,5 cm²?
c) Multipliziert man eine natürliche Zahl mit der um 10 größeren Zahl, so erhält man 704.
Wie lautet die Zahl?
d) Das Quadrat einer natürlichen Zahl vermehrt um ihr 7-faches ergibt 8. Wie lautet die Zahl?
e) Der Flächeninhalt eines Rechtecks beträgt 21 875 mm². Die eine Seite ist um 5 cm länger als die andere Seite.
Wie lang sind die Rechteckseiten?
f) Ein rechtwinkliges Dreieck hat einen Flächeninhalt von 40 cm². Eine Kathete ist 16 cm länger als die andere Kathete.
Berechne die Kathetenlängen.

AUFGABE 3

Löse die folgenden Aufgaben.

a) Gegeben ist die Gleichung $x^2 + 12x - t = 0$.
Bestimme die Variable t so, dass eine Lösung der quadratischen Gleichung $x_1 = -1$ heißt.
Wie lautet dann die zweite Lösung?
b) Eine quadratische Gleichung hat die Lösungen $x_1 = 4$ und $x_2 = -4$.
Gib eine solche Gleichung an.
c) Für welche Werte a hat die Gleichung $(x + 2)^2 = a$ zwei Lösungen?

AUFGABE 4

Eine Supermarktkette hat ein rechteckiges Grundstück gekauft, um darauf den skizzierten Supermarkt mit rechteckiger Grundfläche zu bauen und die benötigten Parkflächen anzulegen.
Das Grundstück ist 80 m lang und 60 m breit. Die Breite x der Parkstreifen vor der Halle und neben der Halle ist gleich. Außerdem soll die Fläche des Parkplatzes genauso groß sein wie die Grundfläche des Gebäudes.

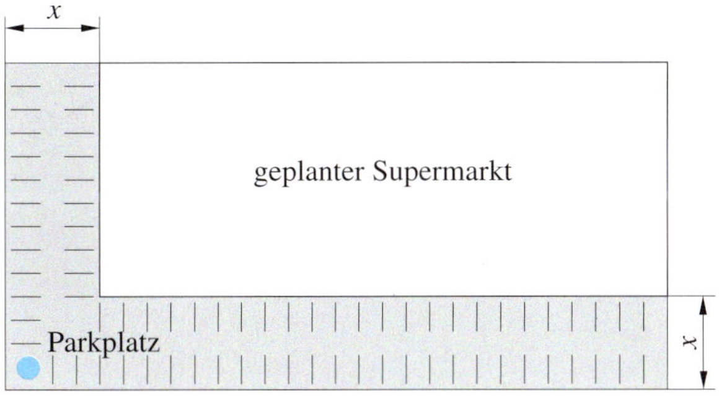

a) Berechne die Breite x des Parkstreifens.
b) Schätze, wie viele Autos auf dem Parkplatz parken können, wenn 60 % der Fläche zum Abstellen von Autos zur Verfügung steht.
c) Es ist geplant, etwa 30 % des Parkplatzes mit Pflastersteinen und den restlichen Teil mit Rasengittersteinen zu befestigen.
Wie viel Euro sind dafür einzuplanen, wenn 1 m² Pflastersteine 40 Euro und 1 m² Rasengittersteine 35 Euro kosten?

Aufgabe 5

Gegeben ist die Funktion f mit $y = f(x) = (x - 2)^2 - 5$.

a) Ermittle den kleinsten Funktionswert, den die Funktion f annehmen kann.
b) Gib den Wertebereich von f an. Begründe deine Antwort.
c) Welchen Funktionswert nimmt f an der Stelle $x = -1$ an?
d) Berechne die Nullstellen.
e) Um wie viele Einheiten muss man die Parabel nach oben verschieben, damit sie nur einen Punkt mit der x-Achse gemeinsam hat?
Wie lautet die Gleichung der verschobenen Parabel?
f) Ermittle die Koordinaten der Schnittpunkte des Graphen von f mit dem Graphen der Funktion g mit $g(x) = x^2 - 2x + 2$.

Aufgabe 6

Regentonnen haben häufig die Form von Zylindern. Im Garten der Familie Mustermann steht eine Tonne, die 1,20 m hoch ist und einen Durchmesser von 80 cm hat.

a) Bestimme das maximale Fassungsvermögen der Tonne in Litern.
b) Wie hoch steht das Wasser in der Tonne, wenn $0{,}4\,m^3$ Wasser gesammelt worden sind?
c) Zur Abdeckung der Tonne möchte Herr Mustermann eine $0{,}8\,m^2$ große quadratische Platte verwenden.
Wie weit ragt die Platte „gleichmäßig" über den Tonnenrand hinaus? Runde sinnvoll.
d) Wie viel Prozent Abfall entstehen, wenn aus der quadratischen Platte ein Kreis so herausgeschnitten wird, so dass der Radius des Deckels 4 cm größer ist als der Radius der Tonne?
e) Das Fassungsvermögen der Tonne soll verdoppelt werden.
Wie groß muss der Durchmesser der neuen Tonne sein, wenn die Höhe gleich bleibt?

Aufgabe 7

Eine quadratische Funktion hat als Graphen eine nach oben geöffnete verschobene Normalparabel.
Bestimme jeweils die Gleichung der Funktion, wenn die folgenden Eigenschaften bekannt sind.

a) Der Scheitelpunkt der Parabel hat die Koordinaten $S(-2;\ 5)$.
b) An der Stelle $x = 2$ tritt der kleinste Funktionswert mit $y = f(x) = -1$ auf.
c) Die Symmetrieachse der Parabel verläuft parallel zur y-Achse durch $x = -3$ und die Funktion hat genau eine Nullstelle.
d) Für $x < 1$ ist die Funktion monoton fallend, für $x > 1$ monoton steigend und der Scheitelpunkt hat die y-Koordinate $y = f(x) = 2$.
e) Die Punkte $P(3;\ 17)$ und $Q(-2;\ 2)$ liegen auf der Parabel.

Aufgabe 8

Gegeben sind die Parabeln f und g mit $y = f(x) = 0{,}5x^2$ und $y = g(x) = -x^2 + 3$.

a) Stelle die beiden Parabeln in einem Koordinatensystem dar. Stelle dazu eine Wertetabelle auf.
b) Wie unterscheiden sich die Graphen der Funktionen f und g von der Normalparabel?
c) Berechne die Nullstellen.
d) Berechne die Koordinaten der Schnittpunkte der Graphen von f und g.

AUFGABE 9

Gegeben sind die quadratische Funktion f mit $f(x) = x^2 - 5x + 6$ und die lineare Funktion g mit $g(x) = -5x + 7$.

a) Berechne die Koordinaten der Schnittpunkte der Graphen mit der x-Achse und der y-Achse.

b) Beschreibe den Verlauf der Graphen f und g im Koordinatensystem?

AUFGABE 10

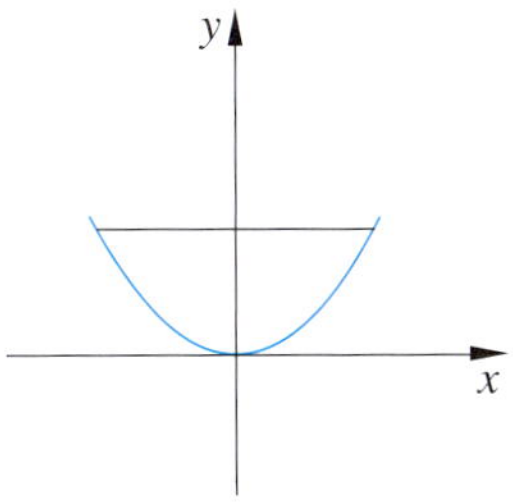

Parabolantennen für den Satellitenempfang haben als Querschnitte Parabeln. Wenn man diese in geeignete Koordinatensysteme „legt“, kann man Gleichungen für die Parabeln in der Form $y = ax^2$ angeben.
Ein Parabolspiegel hat einen Durchmesser von 60 cm und eine Tiefe von 6 cm.
Finde eine Funktionsgleichung für die Parabel.

AUFGABE 11

Die Skizze zeigt den Querschnitt einer Rinne.
Ihr parabelförmiger Bogen kann durch die Funktionsgleichung $y = f(x) = 0{,}25x^2 - 9$ beschrieben werden.

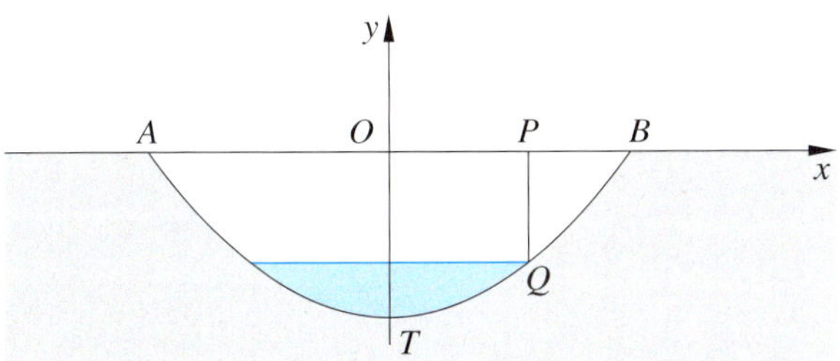

a) Zeichne die Rinne ähnlich wie in der Skizze maßstabsgerecht in ein Koordinatensystem, wobei eine Einheit 1 cm lang ist.

b) Berechne die Tiefe $\overline{OT}$ der Rinne.

c) Berechne die Breite $\overline{AB}$ der Rinne.

d) Das Wasser in der Rinne steht 4 cm hoch.
Wie groß ist die horizontale Entfernung $\overline{BP}$ des Wassers vom Rand der Rinne?

e) Die Rinne ist 5 m lang. Wie groß ist die Wasseroberfläche, wenn die Rinne bis zur halben Höhe gefüllt ist?

AUFGABE 12

Viele Brückenkonstruktionen basieren auf parabelförmigen Bögen. In der Skizze ist der Querschnitt einer Bogenbrücke dargestellt, der durch eine Funktionsgleichung einer quadratischen Funktion der Form $y = f(x) = -\frac{1}{9}x^2$ beschrieben werden kann. x gibt die Entfernung in Metern an.

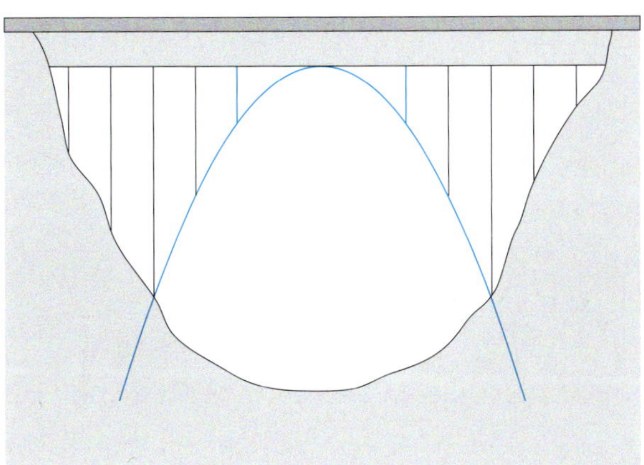

a) Begründe, warum in der Gleichung $y = ax^2$ für die Parabel gelten muss: $a < 0$.

b) Der blau eingezeichnete Brückenbogen hat oberirdisch eine Spannweite von 36 m.
Bestimme die Länge des sichtbaren Teils der beiden längsten Stützen.

c) Jeweils 6 m von den sichtbaren Enden des Brückenbogens entfernt, sollen Stützen angebracht werden.
Wie lang sind die blau eingezeichneten Stützen?

d) Eine Darstellung wurde so angefertigt, dass die x-Achse genau oberhalb des „Bogens“ verläuft.
Wie würde die Funktionsgleichung lauten, wenn die x-Achse unterhalb des „sichtbaren Bogens“ verlaufen würde?

Potenzen, Wurzeln und Logarithmen

Um sehr große bzw. kleine Zahlen darzustellen, trennt man oft Zehnerpotenzen ab. Die mittlere Entfernung von der Erde zur Sonne beträgt z. B. rund $1{,}496 \cdot 10^8$ km. Ein Produkt aus gleichen Faktoren kann man kürzer als Potenz schreiben: $10^8 = 10 \cdot 10 \cdot 10 \cdot 10 \cdot 10 \cdot 10 \cdot 10 \cdot 10$.

Teste deine Grundfertigkeiten

1 Welche Umformungen sind richtig?
Notiere die Potenzgesetze, die anzuwenden sind.

A $10^3 \cdot 10^5 = 10^{15}$ B $10^3 : 10^4 = 10^{-1}$

C $5^8 \cdot 2^8 = 10^8$ D $10^5 : 10^5 = 10^1$

Potenzgesetze: ______________________________

____

2 Welche Umformungen sind richtig?

A $2 \cdot 4^3 + 5 \cdot 4^3 = 7 \cdot 4^3$ B $(4^5)^3 = 4^8$

C $\left(\frac{2}{3}\right)^4 = \frac{16}{81}$ D $\left(\left(\frac{2}{5}\right)^4\right)^{-4} = \frac{2}{5}$

3 Welche Terme sind gleichwertig zu 4^8?

A $4 \cdot 4 \cdot 4 \cdot 4 \cdot 4 \cdot 4 \cdot 4 \cdot 4$ B $4^2 \cdot 4^2 \cdot 4^4$

C $2^2 \cdot 2^6$ D $4^2 \cdot 4^6$

4 Welche Terme sind gleichwertig zu 3^7?

A $3^3 : 3^4$ B $3^{10} : 3^3$

C $3^5 : 3^{-2}$ D $3^{10} : 3^1 : 3^2$

5 Welche Umformungen sind richtig?

A $\sqrt{5^3} = 5^{\frac{2}{3}}$ B $\sqrt[3]{24^4} = 24^{\frac{4}{3}}$

C $y^{-2} = \frac{1}{y}, y \neq 0$ D $z^{\frac{3}{5}} = \sqrt[5]{z^3}, z \geq 0$

6 Markiere die wahren Aussagen.

A $\log_2 16 = 4 = 2^4$ B $\log_3 81 = 4 = 3^4$

C $\log_2 \frac{1}{2} = -2$ D $\lg 0{,}001 = -3$

7 Markiere die wahren Aussagen.

A $13 \cdot 10^5 = 0{,}000\,13$ B $1{,}3 \cdot 10^4 = 0{,}000\,13$

C $1{,}3 \cdot 10^{-4} = 0{,}000\,13$ D $1{,}3 \cdot 10^{-5} = 0{,}000\,13$

8 Markiere die richtigen Vereinfachungen.

a) $\frac{\sqrt[4]{11}}{\sqrt[4]{7}}$

A $\frac{11}{7}$ B $\sqrt[4]{\frac{11}{7}}$

C $\left(\frac{11}{7}\right)^{\frac{1}{4}}$ D $\left(\frac{11}{7}\right)^4$

b) $\sqrt[3]{5} \cdot \sqrt[6]{5}$

A $\sqrt[18]{25}$ B $\sqrt[9]{5}$

C $\sqrt[18]{5}$ D $\sqrt{5}$

9 Notiere die gesuchten Exponenten.
Die Summe aller gesuchten Exponenten ist 2.

A $2^x = 16$, $x =$ ____ B $\left(\frac{1}{4}\right)^x = \frac{1}{64}$, $x =$ ____

C $6x = \frac{1}{216}$, $x =$ ____ D $10^x = \frac{1}{100}$, $x =$ ____

10 Beschrifte die Graphen.

$f(x) = x^2$ $g(x) = x^3$ $h(x) = x^{-2}$
$i(x) = x^{-1}$ $k(x) = \sqrt{x}$ $l(x) = 2^x$

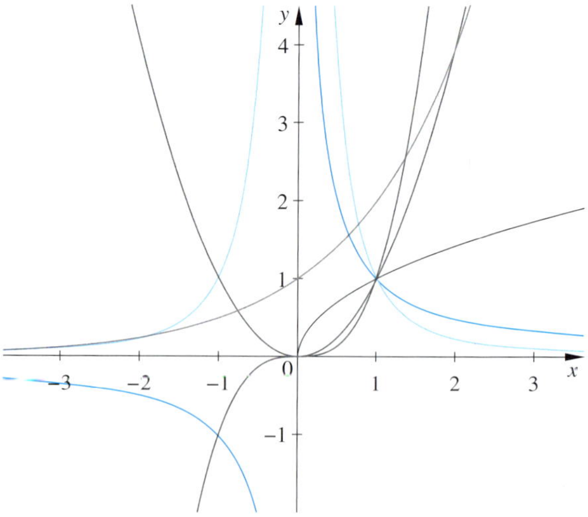

8 bis 10 Aufgaben sind richtig. Deine Grundfertigkeiten sind gut.
6 bis 7 Aufgaben sind richtig. Deine Grundfertigkeiten sind befriedigend.
Weniger als 6 Aufgaben sind richtig. Deine Grundfertigkeiten sind noch nicht ausreichend.

Literaturhinweis: Mathematik in Übersichten S. 35 ff und S. 94 ff.

TRAINIERE AN KOMPLEXEREN AUFGABEN

AUFGABE 1

Ermittle die Lösungsmenge der jeweiligen Gleichung.

a) $2^{x+1} = 8$ b) $\sqrt{3x+9} = 12$ c) $4^{4x-6} = 16$ d) $\log_2 \sqrt[3]{x} = 1$

AUFGABE 2

Löse die folgenden Sachaufgaben.

a) Faltet man ein Blatt Papier 3-mal jeweils auf die Hälfte zusammen, so ist das zusammengefaltete Papier etwa 1 mm dick. Wie dick wäre das zusammengefaltete Papier, wenn man das Blatt Papier derartig 15-mal gefaltet hätte?

b) Ein Würfel hat das dreifache Volumen eines Quaders mit den Kantenlängen 2 m, 3 m und 4 m. Bestimme die Oberflächeninhalte der Körper.

c) Welcher Prozentsatz ist am Kopierer bei einer Vergrößerung von $1\,\text{cm}^2$ auf $3\,\text{cm}^2$ einzustellen?

AUFGABE 3

Der Vater von Antje hat direkt nach ihrer Geburt für sie ein Sparbuch eingerichtet und 2000 € eingezahlt. Das Guthaben wird mit 3,5 % p. a. verzinst. Antjes Mutter überlegt, wie viel Geld zum 14., 16. und 18. Geburtstag ihrer Tochter auf dem Sparbuch ist, wenn nichts zusätzlich eingezahlt und nichts abgehoben wird.

a) Bestimme mithilfe einer Funktionsgleichung das Kapital zum 14., 16. und 18. Geburtstag von Antje. Gib die Bedeutung der Variablen an.

b) Wie viel Euro hätte Antje zum 18. Geburtstag mehr, wenn ihr Vater bei einer anderen Bank ein Sparbuch mit 3,9 % p. a. eröffnet hätte?

AUFGABE 4

Ein Mischbrot kostete 1992 rund 0,85 €. Der jährliche Preisanstieg liegt seitdem bei ca. 5 %.

a) Stelle für diesen Sachverhalt eine Funktionsgleichung auf. Gehe davon aus, dass der Preisanstieg stets gleich bleibt.
Gib die Bedeutung der Variablen an.

b) Wie teuer wäre das Mischbrot im Jahr 2004?

c) Wie viel Euro müsste man 2010 für ein Mischbrot zahlen, wenn der Preis um 5 % p. a. stiege?

d) In welchem Jahr kostet das Brot rund 1,14 €?

e) Wie hoch wäre der jährliche Preisanstieg, wenn das Brot 2004 nur 1,04 € gekostet hätte?

AUFGABE 5

Bei welchen der Funktionen ist folgende Bedingung erfüllt? $f(x) = x^4$, $g(x) = x^5$, $h(x) = x^{-5}$, $j(x) = x^{-4}$, $k(x) = 4^x$

a) Sie ist monoton fallend für alle $x \in \mathbb{R} \setminus \{0\}$.

b) Die Funktion ist monoton fallend für alle $x < 0$ und monoton wachsend für alle $x \geq 0$.

c) Alle Punkte liegen oberhalb der x-Achse.

d) Der Graph ist punktsymmetrisch und enthält den Punkt $P(-2; -32)$.

e) Der Graph ist punktsymmetrisch zum Koordinatenursprung und die Funktion ist für alle $x \in \mathbb{R}$ monoton wachsend.

f) Der Graph ist symmetrisch zur y-Achse, für $x < 0$ ist die Funktion monoton wachsend und für $x > 0$ ist sie monoton fallend.

AUFGABE 6

Gegeben sind folgende Funktionen f, g, h und i mit $f(x) = x^3$, $g(x) = x^{\frac{1}{3}}$, $h(x) = x^{-\frac{1}{3}}$, $i(x) = -0{,}5\,x^3$ und $k(x) = 3^x$.

a) Ermittle jeweils den Funktionswert y zu den Argumenten 1, −1, 2 und −2.

b) Bestimme jeweils die Argumente zu $y = 10$.

c) Skizziere die Graphen von f, g und h.

d) Ermittle die Nullstellen der Funktionen.

e) Gib den Definitions- und den Wertebereich der Funktionen an.

f*) Beschreibe, wie die Graphen von $f_1(x) = x^3 - 1$ und $f_2(x) = (x-1)^3$ aus $f_3(x) = x^3$ hervorgehen.

g*) Gib eine Umkehrfunktion zu h an.

Dreiecke und Winkelfunktionen

Bei Berechnungen an geometrischen Figuren helfen oft Skizzen den Lösungsansatz zu finden. Ist die Zeichnung relativ maßstabsgetreu, können mit ihr auch die Lösungen abgeschätzt werden. In zahlreichen Situationen hilft die Satzgruppe des Pythagoras weiter. Beachte, dass diese nur für rechtwinklige Dreiecke gilt.

Teste deine Grundfertigkeiten

1 Welche der Formeln gelten nach dem Satz des Pythagoras?

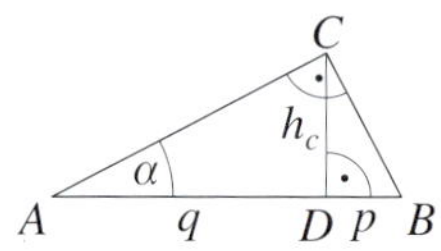

A $a + b = c$ B $a^2 + b^2 = c^2$

C $b^2 = h_c{}^2 + q^2$ D $b = \sqrt{c^2 - a^2}$

2 Bestimme die Länge der Hypotenuse c im Dreieck ABC mit $a = 3\,\text{cm}$ und $b = 4\,\text{cm}$.

A $c = 5\,\text{cm}$ B $c = 0{,}05\,\text{cm}$

C $c = 7\,\text{cm}$ D $c = 50\,\text{cm}$

3 Berechne die Längen der blauen Strecken.

a)

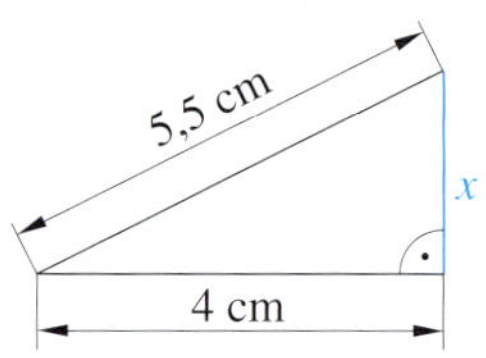

A $x \approx 3{,}775\,\text{cm}$ B $x \approx 14{,}25\,\text{cm}$

C $x \approx 37{,}75\,\text{cm}$ D $x \approx 1{,}425\,\text{cm}$

b)

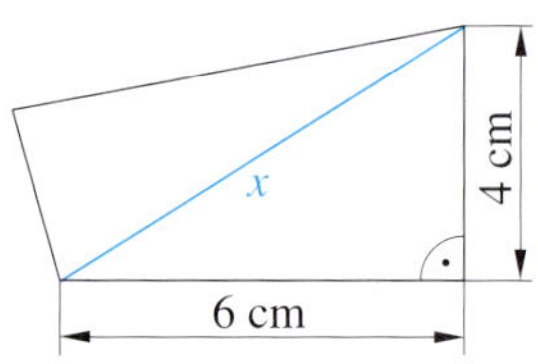

A $x \approx 5{,}20\,\text{cm}$ B $x \approx 3{,}16\,\text{cm}$

C $x \approx 7{,}21\,\text{cm}$ D $x \approx \sqrt{52}\,\text{cm}$

c)

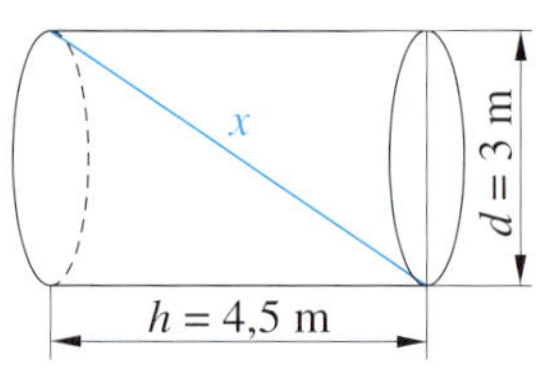

A $x \approx 7{,}5\,\text{m}$ B $x \approx 5{,}41\,\text{m}$

C $x \approx \sqrt{29{,}25}\,\text{m}$ D $x \approx 2{,}74\,\text{m}$

4 Ermittle mithilfe des Taschenrechners die wahren Aussagen. (Lies gegebenenfalls in der Bedienungsanleitung nach.)

A $\sin 65° \approx 0{,}91$ B $\cos(0{,}74\pi) \approx -0{,}77$

C $\sin 30° = \frac{1}{2}$ D $\tan 3{,}14 \approx 0$

5 Markiere die zum Dreieck ABC in Aufgabe 1 richtig aufgestellten Formeln.

A $\sin\alpha = \frac{a}{c}$ B $\cos\beta = \frac{p}{h_c}$

C $\frac{\sin\alpha}{a} = \frac{\sin\beta}{b}$ D $\tan\gamma = \frac{a}{b}$

6 Vom rechtwinkligen Dreieck ABC sind bekannt: $\gamma = 90°$, $b = 40\,\text{mm}$ und $c = 120\,\text{mm}$. Bestimme α und β.

A $\alpha \approx 70{,}53°$ B $\alpha \approx 65{,}38°$

C $\beta \approx 24{,}62°$ D $\beta \approx 19{,}47°$

7 Vom rechtwinkligen Dreieck ABC sind bekannt: $\gamma = 90°$, $\alpha = 25{,}6°$ und $c = 8{,}93\,\text{cm}$. Bestimme a.

A $a \approx 0{,}39\,\text{dm}$ B $a \approx 3{,}86\,\text{cm}$

C $a \approx 6{,}58\,\text{cm}$ D $a \approx 65{,}8\,\text{mm}$

8 Von einem beliebigen Dreieck ABC sind bekannt: $a = 5\,\text{cm}$, $b = 6\,\text{cm}$, $c = 8\,\text{cm}$ und $\alpha = 38{,}62°$. Bestimme β und γ.

A $\gamma \approx 92{,}87°$ B $\beta \approx 48{,}50°$

C $\beta \approx 92{,}88°$ D $\gamma \approx 48{,}51°$

9 Von einem beliebigen Dreieck ABC sind bekannt: $a = 9\,\text{cm}$, $b = 9\,\text{cm}$, und $\gamma = 60°$. Bestimme c.

A $c = 9\,\text{cm}$ B $c = 14{,}25\,\text{cm}$

C $c = 90\,\text{mm}$ D $c = 1{,}425\,\text{cm}$

8 bis 9 Aufgaben sind richtig. Deine Grundfertigkeiten sind gut.
6 bis 7 Aufgaben sind richtig. Deine Grundfertigkeiten sind befriedigend.
Weniger als 6 Aufgaben sind richtig. Deine Grundfertigkeiten sind noch nicht ausreichend.

Literaturhinweis: Mathematik in Übersichten S. 149 ff. und S. 155 ff.

Trainiere an komplexeren Aufgaben

Aufgabe 1

Löse die folgenden Aufgaben zu trigonometrischen Funktionen.

a) Gegeben sind die Gleichungen der Funktionen f und g mit $y = f(x) = \sin x$ und $y = g(x) = \cos x$. Ergänze die Wertetabellen und skizziere die Graphen im Intervall $[0; \pi]$.

x in Grad	0	45	90	135	180	270	360
$\sin x$							

x in rad	0	$\frac{\pi}{4}$	$\frac{\pi}{2}$	$\frac{3}{4}\pi$	π	$\frac{3}{2}\pi$	2π
$\cos x$							

b) Gib die Nullstellen von f und g im Intervall $0° \leq x \leq 360°$ an.

c) Gib jeweils den Wertebereich und den Definitionsbereich von f und g an.

d) Gib die Längen der Periode der beiden Funktionen an.

e) Bestimme die Koordinaten der Schnittpunkte der Graphen der Funktionen f und g im Intervall $\pi \leq x \leq 2\pi$.

f*) Beschreibe die Graphen folgender Funktionen im Intervall $[-180°; 180°]$.

$f_1(x) = 2\sin x$ $\quad$ $f_2(x) = -\frac{1}{2}\sin x$

$f_3(x) = \sin x + 2$ $\quad$ $f_4(x) = \sin(x + 2)$

$f_5(x) = \sin 2x$ $\quad$ $f_5(x) = \tan x$

Aufgabe 2

Ermittle alle x-Werte mit $0° \leq x \leq 360°$, die folgende Bedingungen erfüllen.

a) $\sin x = -0{,}6$ $\quad$ b) $\sin x = 0{,}4$ $\quad$ e*) $\tan x = -0{,}3$ $\quad$ f*) $\tan x = 5{,}8$

c) $\cos x = -0{,}2$ $\quad$ d) $\cos x = 0{,}7$ $\quad$ g) $\sin x = 5{,}6$ $\quad$ h) $\cos x = 5{,}4$

Aufgabe 3

Löse die Sachaufgaben.

Hinweis: Zeichne geeignete Skizzen und kennzeichne die gegebenen und gesuchten Größen.

a) Ingrid liest auf einem Verkehrsschild: „Anstieg 12 %“. Frauke erklärt ihr, dass auf 100 m waagerechter Entfernung die Höhe um 12 m steigt. Bestimme den Anstiegswinkel.

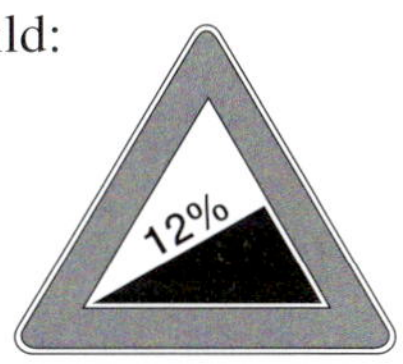

b) Beim Bau der skizzierten Brücke werden zum Abstützen Balken mit einer Länge von je 2 m verarbeitet. Aus statischen Gründen beträgt der Winkel α zwischen der Horizontalen und dem Balken 41,4°. Bestimme die Länge d der skizzierten Brücke.

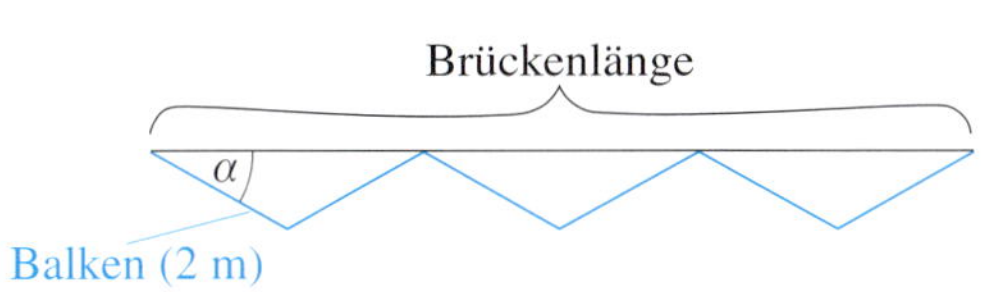

c) Klaus hat bei einer Seilbahnfahrt an der Talstation folgende Durchschnittsangaben gefunden: Geschwindigkeit der Seilbahn: 2 m/s; Anstiegswinkel: 20°; Fahrtdauer: 10 min. Berechne den Weg, den die Seilbahn zurücklegt. Welcher Höhenunterschied wird dabei überwunden?

d) Zwischen zwei Punkten A und B liegt ein Fischteich, durch den nach dem Ablassen des Wassers ein Kabel verlegt werden soll. Es ist notwendig die Entfernung zu bestimmen, während noch Wasser im Teich ist.
Daher bestimmt die Firma von einem außenliegenden Punkt C den Abstand $\overline{CB} = 480\,\text{m}$, den Abstand $\overline{CA} = 620\,\text{m}$ und den Winkel zwischen beiden Abstandslinien $\gamma = 45{,}5°$.
Ermittle aus diesen Angaben den Abstand $\overline{AB}$.

Aufgabe 4

Abgeknickte Bäume können viel Schaden anrichten, beispielsweise an Autos und Hausdächern.

a) Bei einem Herbststurm wurde eine 12,50 m hohe Tanne 2,15 m über dem Erdboden abgeknickt. Wie viel Zentimeter vom Stamm entfernt berührt die Spitze den Boden? Runde sinnvoll.

b) Eine Tanne wurde bei einem Sommergewitter in 6,5 m Höhe abgeknickt. Die Spitze berührt 10,5 m entfernt vom Baum den Boden.
Wie hoch war die Tanne vorher?

Aufgabe 5

Berechne jeweils die fehlenden Seiten und Winkel der Dreiecke *ABC*.

- Kennzeichne die gegebenen und gesuchten Größen in entsprechenden Planfiguren.
- Konstruiere zur Kontrolle die Dreiecke in einem geeigneten Maßstab aus den gegebenen Stücken.

a) Dreieck *ABC* ist rechtwinklig ($\gamma = 90°$).
① $a = 6\,\text{cm}$; $b = 8\,\text{cm}$
② $c = 9\,\text{mm}$; $a = 7\,\text{mm}$
③ $\alpha = 35°$; $c = 12\,\text{m}$
④ $\beta = 65°$; $b = 7\,\text{km}$

b) Dreieck *ABC* ist nicht rechtwinklig.
① $a = 6\,\text{cm}$; $b = 8\,\text{cm}$; $\gamma = 50°$
② $c = 9\,\text{mm}$; $a = 7\,\text{mm}$; $\alpha = 40°$ (!)
③ $\alpha = 35°$; $c = 12\,\text{m}$; $\beta = 60°$
④ $\beta = 65°$; $b = 7\,\text{km}$; $\gamma = 36°$

Aufgabe 6

Die Elektrofirma Schmidt schließt an einer Außenleuchte einen Infrarot-Bewegungsmelder an. Dieser wird in einer Höhe von 2 m am Bürogebäude angebracht. Er schaltet die Lampe ein, wenn man sich ihr nähert.

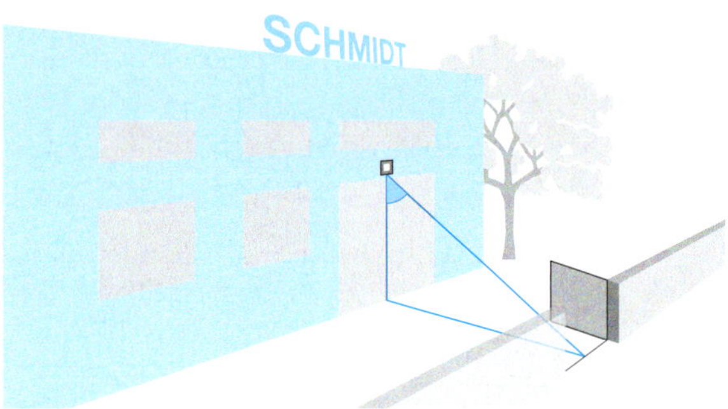

a) Wie groß muss der Neigungswinkel zur Vertikalen sein, damit die Lampe angeht, wenn man das 5 m vom Bürogebäude entfernte Tor öffnet?

b) Berechne, bei welcher Entfernung vom Gebäude die Lampe angeht, wenn der Neigungswinkel zur Vertikalen 52° beträgt.

c) Bei welcher Entfernung vom Gebäude wird die Lampe angehen, wenn der Neigungswinkel 52° beträgt und der Bewegungsmelder in einer Höhe von 1,80 m angebracht ist?

Aufgabe 7

Löse die folgenden Sachaufgaben.

a) Eine Leiter ist 2 m lang. Der Winkel zwischen Boden und Leiter beträgt 75°.
Bis zu welcher Höhe reicht die Leiter?

b) Der Fernsehturm in Berlin ist rund 370 m hoch.
Ermittle, in welcher Entfernung vom Turm dieser unter einem Höhenwinkel von 50° erscheint.

c) Kann man aus einem kreisrunden Tischtuch mit einem Durchmesser von 150 cm ein rechteckiges Tischtuch mit einer Länge von 130 cm und einer Breite von 85 cm herausschneiden?
Begründe mithilfe einer Rechnung.

d) Frau Mayer bekam ein Gemälde geschenkt. Sie möchte es im Wohnzimmer an einem Haken befestigen. Das Gemälde hat eine Breite von 1,20 m und eine Höhe von 0,50 m. An den oberen Eckpunkten ist eine 1,40 m lange Schnur angebracht. In welcher Höhe muss Frau Mayer den Haken anbringen, damit die Unterkante des Bildes 1,50 m über dem Fußboden ist?

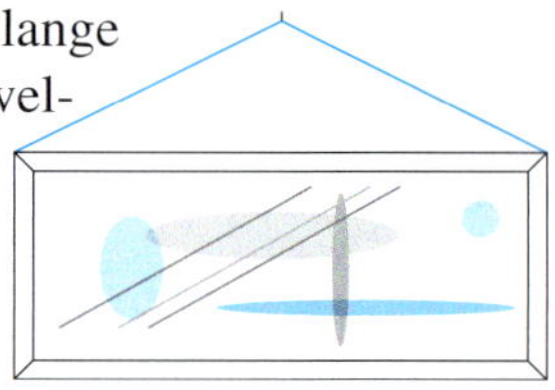

Aufgabe 8

Birgit möchte eine gerade quadratische Pyramide basteln. Sie zeichnet ein Netz dieses Körpers.
Die Seitenlänge a der Grundfläche beträgt 5 cm und die Höhe h_s der Seitenfläche 6 cm.

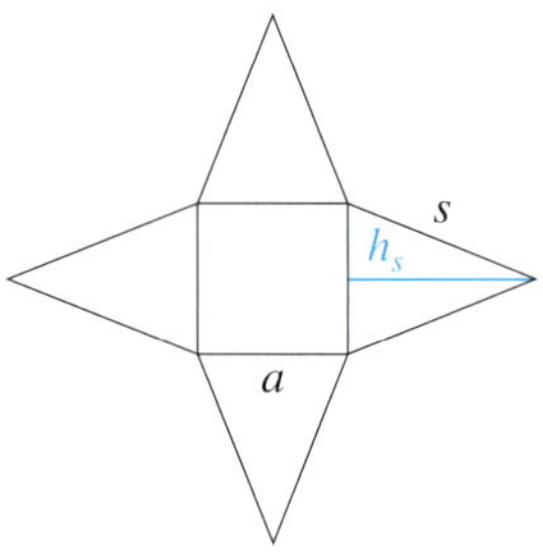

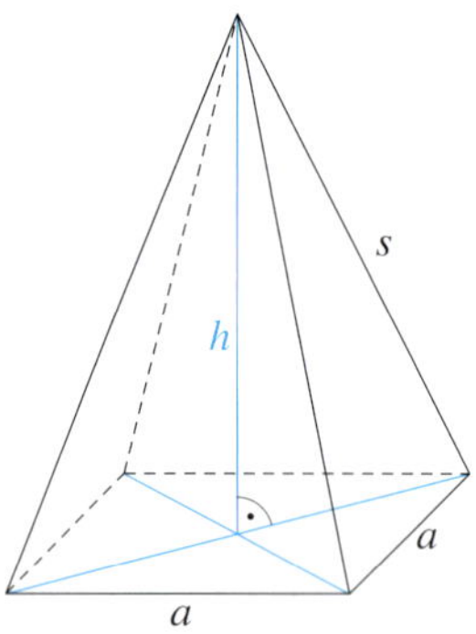

a) Berechne den Flächeninhalt einer Seitenfläche.

b) Bestimme die Länge der Kante s.

c) Welche Höhe h wird die fertig gebastelte Pyramide haben?

Aufgabe 9

In einem Freizeitpark soll ein Fahnenmast mit einer Gesamthöhe von 33 m bei $\frac{2}{3}$ seiner Höhe durch vier Seile stabilisiert werden. Die Seile werden am Boden 10 m vom Mast entfernt verankert.

a) Bestimme die Länge jedes Seils und die Gesamtlänge der Seile.

b) Wie viel Meter Seil müssen gekauft werden, wenn für die Befestigungen 5 % der Länge zusätzlich benötigt werden?

c) Die Fläche zwischen den Verankerungen soll begrünt werden. Für wie viel Quadratmeter muss mindestens Grassamen gekauft werden, wenn die Fußanker der Abspannseile die Ecken eines Quadrates sind?

Aufgabe 10

Bei der Planung einer Wanderroute wird diskutiert, welcher von zwei Wegen von der Jugendherberge zur Gaststätte entlang des Sees kürzer ist. In der abgebildeten nicht maßstabsgetreuen Zeichnung wurden die wesentlichen Angaben eingetragen. Zur Vereinfachung wurde angenommen, dass alle Wege geradlinig sind und die Punkte A, E und C auf einer Geraden liegen.

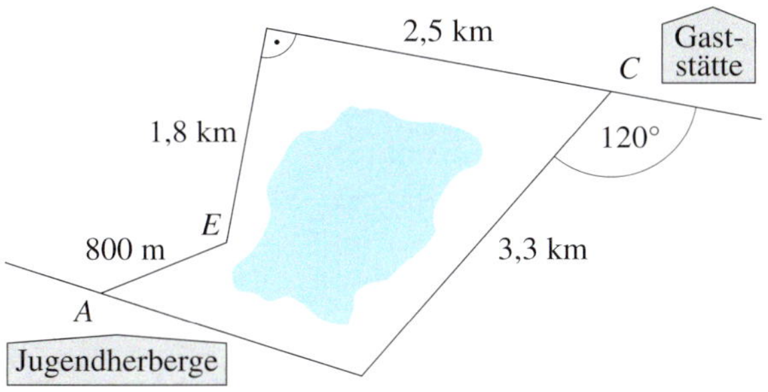

a) Berechne die Weglängen und gib diese mit sinnvoller Genauigkeit an. Welcher Weg ist kürzer?

b) Die Durchschnittsgeschwindigkeit beim Wandern beträgt rund $4\,\frac{\text{km}}{\text{h}}$.
Wie lange würde eine Wanderung einmal um den See etwa dauern?

Aufgabe 11

Burkhard hat bei ornithologischen Beobachtungen (Ornithologie [griechisch] ≙ Vogelkunde) eine Nisthöhle in einem Baumstamm entdeckt. Zur Bestimmung der Höhe der Nisthöhle darf er sich dem Baum nicht zu weit nähern, da die Vögel in der Brutphase sind.
Er bestimmt deshalb den Höhenwinkel $\alpha = 15°$, nähert sich dem Baum um $x = 10\,\text{m}$ und ermittelt den neuen Höhenwinkel $\beta = 25°$. Seine Skizze verdeutlicht dies.

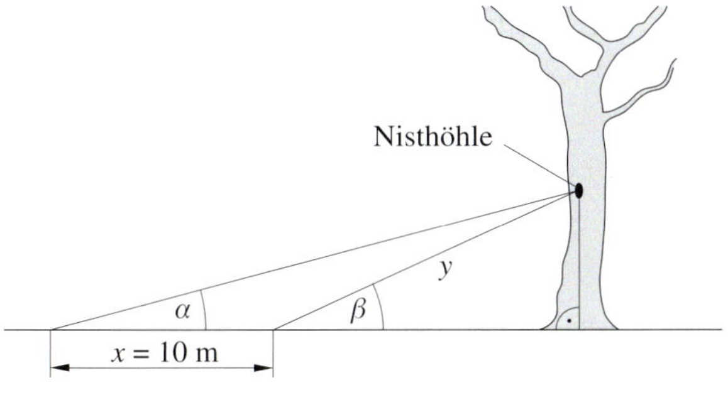

a) Berechne die Höhe der Nisthöhle über dem Erdboden. Bestimme dazu zunächst die Länge der Strecke y.

b) Wie weit war Burkhard bei seiner ersten Messung vom Baumstamm entfernt?

Aufgabe 12

Familie Müller-Heinrich beabsichtigt das skizzierte Grundstück zu erwerben.

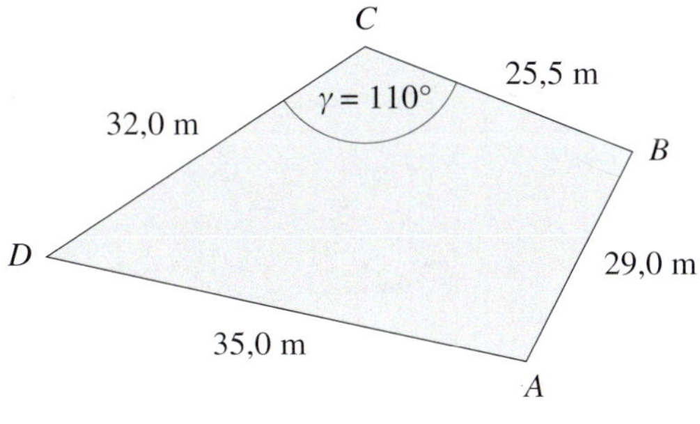

a) Bestimme den Flächeninhalt des Grundstücks.

b) Welcher Kaufpreis ist zu entrichten, wenn das unerschlossene Quadratmeter Bauland in dieser Gegend für 65 € verkauft wird?

Geometrie in der Ebene - Vielfältige Aufgaben

Berechnungen an geometrischen Figuren hatten schon im Altertum eine große Bedeutung. Diese ergaben sich aus praktischen Bedürfnissen z.B.: Wie weit geht mein Feld? Wie groß ist das Gebäude? Überall im täglichen Leben gibt es Objekte, die näherungsweise die Form ebener geometrischer Figuren haben.

Teste deine Grundfertigkeiten

1 Gegeben ist das Rechteck. Bestimme dessen Flächeninhalt A. Bestimme dessen Umfang u.

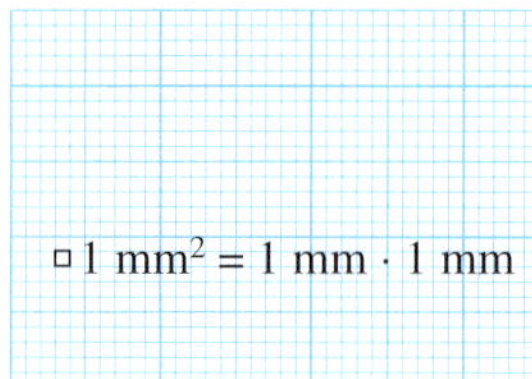

A $A = 875\,\text{mm}^2$
B $u = 12\,\text{cm}$
C $A = 8{,}75 \cdot 10^{-4}\,\text{m}^2$
D $u = 0{,}000\,12\,\text{km}$

2 Was hat den kleinsten Flächeninhalt?

A Quadrat mit 1 cm langen Seiten
B Dreieck mit drei 1 cm langen Seiten
C Rechteck mit 2 cm und 0,4 cm langen Seiten
D Kreis mit einem 1 cm langen Radius

3 Welche der Flächen hat den kleinsten Umfang?

A Quadrat mit 9 mm langen Seiten
B Dreieck mit drei 2 cm langen Seiten
C Drachen mit 2 cm und 0,5 cm langen Seiten
D Kreis mit einem 1 cm langen Durchmesser

4 Berechne die Länge der Strecke $\overline{CD}$, wenn $\overline{ZA} = 4{,}2\,\text{cm}$, $\overline{ZC} = 3{,}5\,\text{cm}$, $\overline{ZB} = 7{,}8\,\text{cm}$ gilt.

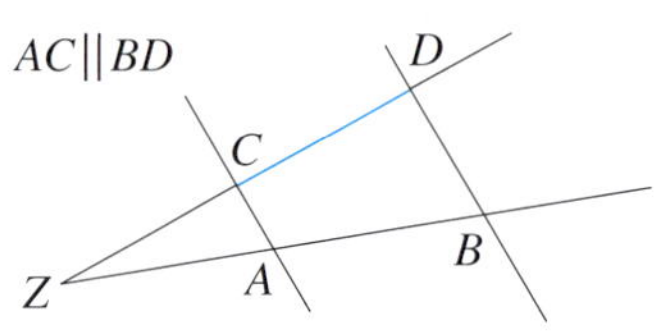

A $\overline{CD} = 3{,}2\,\text{cm}$
B $\overline{CD} = 3{,}6\,\text{cm}$
C $\overline{CD} = 3{,}0\,\text{cm}$
D $\overline{CD} = 3{,}4\,\text{cm}$

5 Welche der folgenden Eigenschaften treffen auf Dreieck ZAC und Dreieck ZBD aus Aufgabe 4 zu?

A Sie sind flächengleich.
D Sie sind kongruent.
B Sie sind gleichseitig.
C Sie sind ähnlich.

6 Berechne den Flächeninhalt A eines Kreisringes mit den Radien $r_1 = 2{,}5\,\text{cm}$ und $r_2 = 1{,}3\,\text{cm}$.

A $A = 3{,}77\,\text{cm}^2$
B $A = 4{,}56 \cdot \pi\,\text{cm}^2$
C $A = 14{,}33\,\text{cm}^2$
D $A = 9{,}68\,\text{cm}^2$

7 Berechne den blau markierten Winkel.

A $\alpha = 45°$
B $\alpha = 60°$
C $\alpha = 180° : 3$
D $\alpha = 90°$

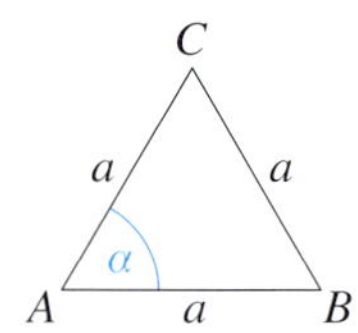

8 Berechne die Größe des Winkels β.

A $\beta = 45°$
B $\beta = 55°$
C $\beta = 83°$
D $\beta = 48°$

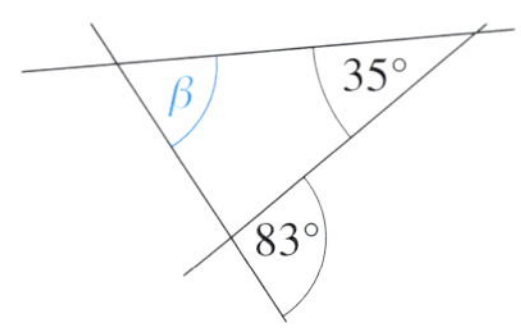

9 Berechne die Größe des Winkels α.

A $\alpha = 65°$
B $\alpha = 75°$
C $\alpha = 115°$
D $\alpha = 135°$

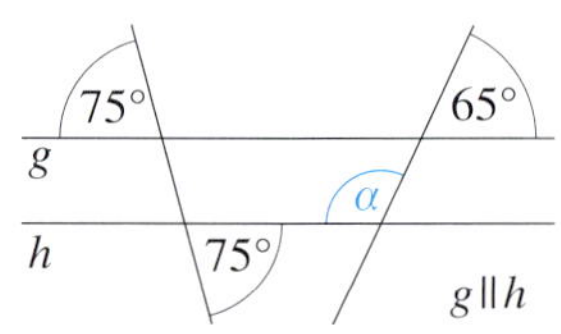

10 Welche der Figuren sind (immer) Parallelogramme?

A Quadrate
B Drachenvierecke
C Rauten
D Trapeze

11 Die Länge der Originalstrecke ist 8 km. Die Länge der Bildstrecke beträgt 4 cm. Gib den Maßstab an.

A 1 : 200 000
B 200 000 : 1
C 800 000 : 2
D 8 : 400 000

9 bis 11 Aufgaben sind richtig. Deine Grundfertigkeiten sind gut.
7 bis 8 Aufgaben sind richtig. Deine Grundfertigkeiten sind befriedigend.
Weniger als 7 Aufgaben sind richtig. Deine Grundfertigkeiten sind noch nicht ausreichend.

Literaturhinweis: Mathematik in Übersichten S. 101 ff. und S. 141 ff.

Trainiere an komplexeren Aufgaben

Aufgabe 1

Von einem rechteckigen Sportplatz *ABCD* sind die Diagonale $\overline{AC} = 125\,m$ und die Seite $\overline{BC} = 75\,m$ bekannt.

a) Zeichne zuerst eine Skizze und konstruiere danach das Rechteck *ABCD* im Maßstab 1 : 1000 aus den gegebenen Werten.
b) Berechne die Länge der Rechteckseite $\overline{AB}$.
c) Der rechteckige Sportplatz soll mit einem hohen Zaun eingezäunt werden. Alle 5 Meter werden dafür Zaunpfeiler benötigt.
Wie viele Zaunpfeiler sind zu setzen?
d) Gib den Flächeninhalt des rechteckigen Sportplatzes in Hektar an.
e) Ein anderer Sportplatz hat den gleichen Flächeninhalt, ist jedoch quadratisch.
Welche Seitenlänge hat er?

Aufgabe 2

Ein Terrassenzimmer mit Kamin soll mit Marmorfliesen ausgelegt werden.
Die Fliesen sind quadratisch mit einer Seitenlänge von 35 cm. Ein Quadratmeter Marmorfliesen kostet 36,50 €.

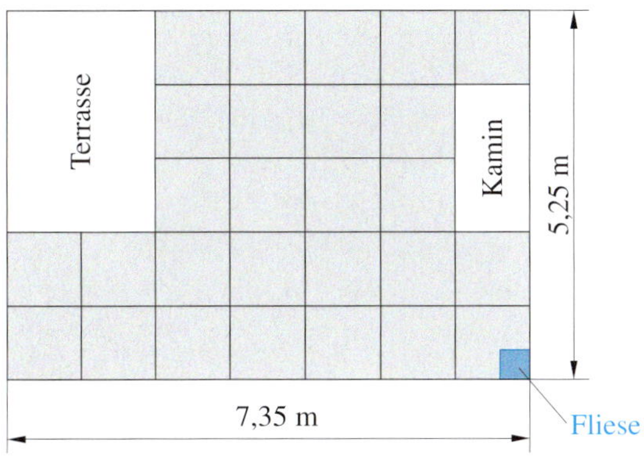

a) Bestimme mithilfe der kongruenten Quadrate in der Skizze die Größen der Flächen, die die Terrasse und der Kamin einnehmen.
b) Berechne den Flächeninhalt des farbig dargestellten Anteils des Zimmers, der mit Fliesen ausgelegt werden soll.
c) Wie viele Fliesen benötigt der Eigentümer für dieses Vorhaben mindestens?
d) Mit welchen Kosten für die Marmorfliesen muss mindestens gerechnet werden?

Aufgabe 3

Das Viereck *ABCD* ist ein Parallelogramm.

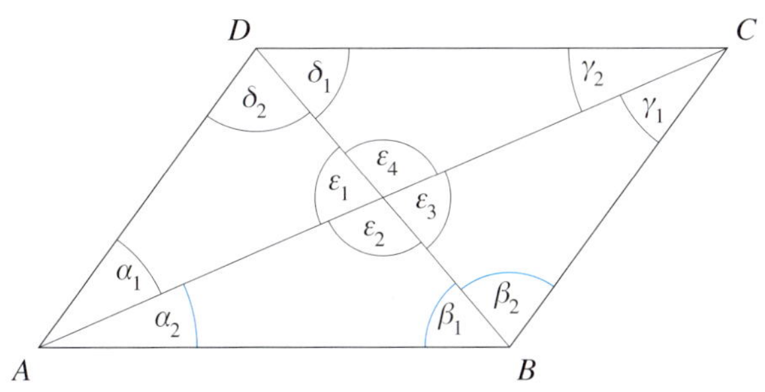

a) Gib alle Winkelpaare an, die Scheitelwinkel, Nebenwinkel oder Wechselwinkel sind.
b) Welche Winkel sind gleich groß?
c) Welche Winkel eines Paares ergeben zusammen 180°?
d) Gegeben sind: $\alpha_2 = 20°$, $\beta_1 = 50°$ und $\beta_2 = 80°$.
Berechne alle anderen Winkelgrößen.
e) Die Diagonalen des Parallelogramms schneiden einander im Punkt *M*.
Begründe, warum Dreieck *AMD* kongruent zum Dreieck *BCM* ist.

Aufgabe 4

Das Parallelogramm *ABCD* ist durch den Innenwinkel $\alpha = 62°$ sowie die Seiten $a = 6{,}4\,cm$ und $b = 4{,}2\,cm$ gegeben.

a) Konstruiere das Parallelogramm *ABCD* aus den gegebenen Stücken.
b) Berechne den Flächeninhalt *A* des Parallelogramms und gib ihn in Quadratdezimeter an.
c) Berechne den Umfang *u* und gib ihn auf volle Dezimeter gerundet an.
d) Berechne die Längen der Diagonalen.

Aufgabe 5

Das Viereck *ABCD* ist ein gleichschenkliges Trapez, dessen Eckpunkte auf einem Kreis mit dem Durchmesser $\overline{AB}$ liegen. Es seien $\overline{AB} = 9\,\text{cm}$ und $\alpha = 30°$.

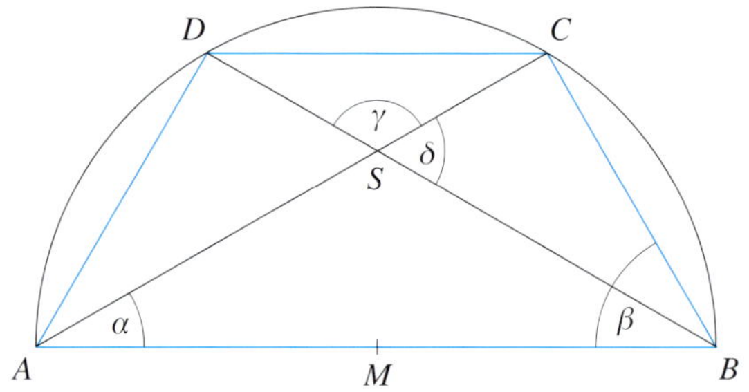

a) Berechne die Größe der Winkel β, γ und δ.
b) Bestimme die Länge der Strecke $\overline{CD}$.
c) Berechne den Umfang *u* und den Flächeninhalt *A* des Trapezes.
d) Zerlegen die Diagonalen das Trapez in ähnliche Dreiecke? Begründe deine Antwort.
e) Konstruiere das Trapez *ABCD*.

Aufgabe 6

Die folgenden Figuren entstanden aus Quadraten mit der Seitenlänge *a* und Kreisen, dessen Durchmesser *d* so lang wie *a* ist.

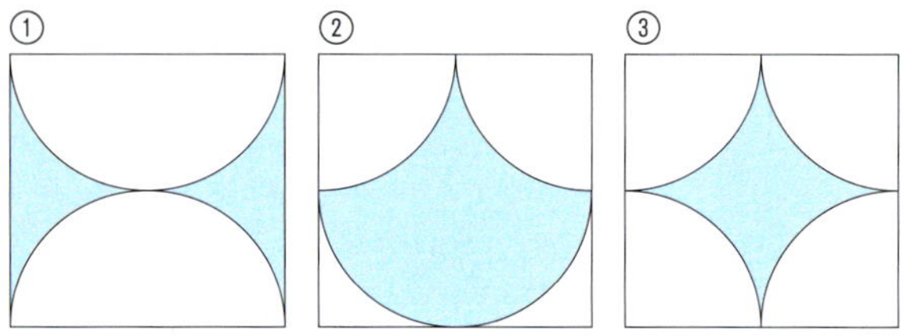

a) Zeichne die Figuren.
b) Berechne den Flächeninhalt des blauen Anteils in jeder Figur, wenn der Durchmesser $d = 5\,\text{cm}$ und die Seitenlänge $a = 5\,\text{cm}$ betragen.
c) Berechne die Umfänge der blauen Flächen in den Bildern ① und ②, wenn $d = 5\,\text{cm}$ und $a = 5\,\text{cm}$.
d) Wie viel Prozent vom Flächeninhalt des jeweiligen Quadrates sind blau gefärbt?

Aufgabe 7

In einem rechtwinkligen Koordinatensystem ist das Viereck *ABCD* und die Strecke $\overline{EF}$ gegeben.
Das Viereck hat die Eckpunkte $A(-4;\,1)$, $B(-2;\,1)$, $C(-1{,}5;\,3)$ und $D(-3{,}5;\,4)$.
Die Strecke $\overline{EF}$ wird durch die Punkte $E(1;\,1)$ und $F(1;\,4)$ festgelegt.

a) Zeichne das Viereck *ABCD* und die Strecke $\overline{EF}$ in ein Koordinatensystem.
b) Berechne den Umfang des Vierecks *ABCD*.
c) Berechne den Flächeninhalt des Vierecks *ABCD*.
d) Bestimme die Koordinaten des Viereckes *A'B'C'D'*, das bei der zentrischen Streckung vom Viereck *ABCD* entsteht, wenn $Z(0;\,1)$ Streckungszentrum und $k = 2{,}5$ Streckungsfaktor ist.

Aufgabe 8

Um die Breite eines Flusses zu bestimmen, wurde im Gelände die abgebildete Figur *ABEF* abgesteckt und der Punkt *C* angepeilt.
Die bekannten Streckenlängen sind: $\overline{AF} = 55\,\text{m}$; $\overline{BE} = 30\,\text{m}$; $\overline{FE} = 45\,\text{m}$; $\overline{DE} = 15\,\text{m}$.

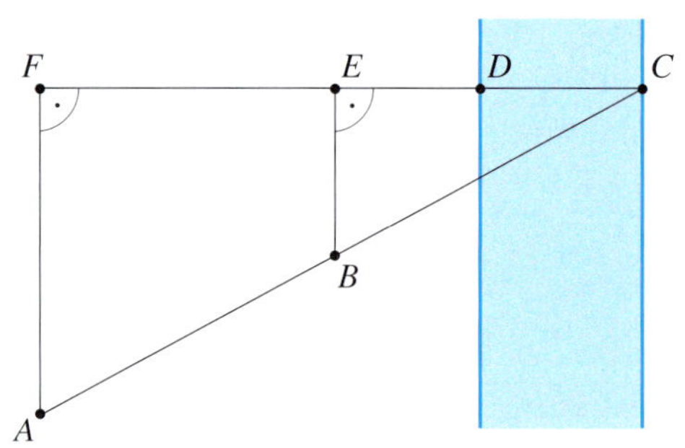

a) Ermittle die Flussbreite zeichnerisch. Verwende dazu einen geeigneten Maßstab.
b) Berechne die Breite des Flusses unter Verwendung der gegebenen Streckenlängen.

Aufgabe 9

Herr Jen zeichnet als Muster für das Logo einer Firma ein Quadrat mit der Seitenlänge $a = 10\,\text{cm}$, mit einem Kreis und einem gleichschenkligen Dreieck. Die Teilflächen werden später eingefärbt.
Der Kreis berührt alle Seiten des Quadrates genau einmal. Die Basis des gleichschenkligen Dreiecks ist eine Seite des Quadrates und der Schnittpunkt der Schenkel liegt auf der gegenüberliegenden Seite des Quadrates.

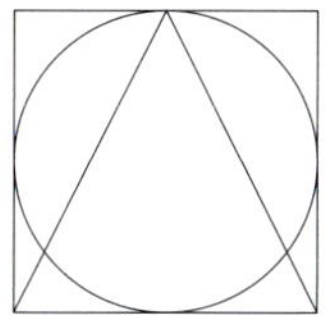

a) Gib jeweils einen Term zur Berechnung des Flächeninhalts und des Umfangs des Quadrates (A_Q und u_Q), des Kreises (A_K und u_K) und des Dreiecks (A_D und u_D) in Abhängigkeit von a an. Berechne die Flächeninhalte und die Umfänge.

b) Jan behauptet: „Für die Flächeninhalte gilt: $A_Q : A_K = 4 : \pi$ und $A_K : A_D = \pi : 2$.“ Überprüfe die Behauptung.

c) Jeweils einmal soll das Logo vergrößert im Maßstab 1 : 50 auf drei Giebelwänden von Firmengebäuden gemalt werden.
Ein Liter Farbe reicht für $5\,\text{m}^2$. Eine Dose enthält jeweils 750 ml Farbe.
Berechne, wie viele Dosen Farbe für das Firmenlogo bei jeweils einem Anstrich der drei Wände mindestens benötigt werden.

Aufgabe 10

Firma Schuster soll ein Fliesenmuster aus gleichseitigen Dreiecken und regelmäßigen Sechsecken legen.
Zur Veranschaulichung für den Kunden wurde das abgebildete gleichseitige Dreieck als Muster mit einer Seitenlänge von 14 cm angefertigt.
Das Muster wird später im Original ein Quadratmeter groß sein.

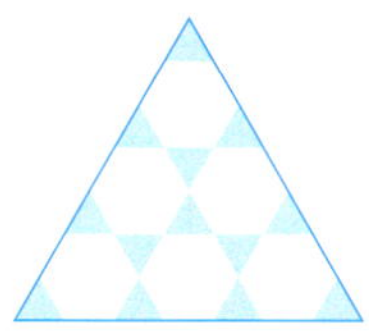

a) Berechne die Summe der Flächeninhalte aller abgebildeten blauen Teildreiecke und die aller weißen Sechsecke im Muster.

b) In welchem Maßstab wurde die Detailansicht angefertigt, wenn das abgebildete gleichseitige Dreieck eine Seitenlänge von 14 cm hat?

Aufgabe 11

Eine Fläche von 200 m mal 400 m wird neu geordnet. Die Tabelle gibt die durchschnittlichen Kosten an.

von \ zu	Erholungsfläche	Landwirtschaftsfläche	Industriefläche
Erholungsfläche	–	25 € pro m²	20 € pro m²
Landwirtschaftsfläche	20 € pro m²	–	15 € pro m²
Industriefläche	40 € pro m²	35 € pro m²	–

alte Einteilung

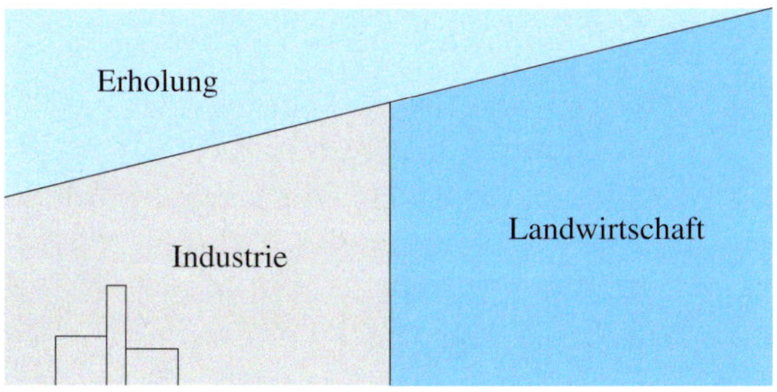

neue Einteilung

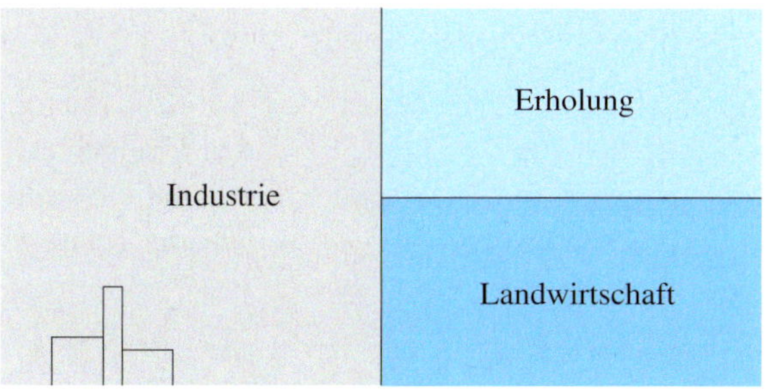

a) Gib den Anteil jeder Teilfläche von der jeweiligen Gesamtfläche in Prozent an.

b) Zeichne eine „Kostenkarte“. Trage dazu die alte sowie die neue Art der Flächennutzung und die jeweils entstehenden Kosten in ein maßstäblich gezeichnetes Rechteck ein.

c) Berechne die Gesamtkosten, die bei der Neuordnung anfallen.

d) Finde eine preisgünstigere Möglichkeit der Umstrukturierung. Beachte die gegebenen Flächengrößen.

Geometrie im Raum – Vielfältige Aufgaben

Geometrische Körper werden oft zum Beschreiben realer Körper genutzt. Eine Litfaßsäule und ein runder Käse können z.B. vereinfacht als Zylinder aufgefasst werden. Bei der Berechnung des Oberflächeninhalts, des Volumens, ... können Formeln angewandt werden. Die benötigten Formeln stehen im Tafelwerk.

Teste deine Grundfertigkeiten

1 Wie viel Wasser kann man in einen Würfel mit 1 dm Kantenlänge füllen?
Nutze notfalls das Tafelwerk.

A $0{,}1\,dm^3$ B 1 l
C 0,01 hl D $1000\,cm^3$

2 Ein neues Aquarium aus dünnem Spezialglas hat eine Länge *a* von 60 cm, eine Breite *b* von 50 cm und eine Höhe *h* von 30 cm.
Es wird nur zur Hälfte mit Wasser gefüllt. Wie viel Wasser enthält das Aquarium danach?

A $V_W \approx 90\,000\,cm^3$ B $V_W \approx 45\,000$ ml
C $V_W \approx 90$ l D $V_W \approx 45\,000\,cm^3$

3 Berechne das Volumen *V* eines geraden Kegels mit der Höhe $h = 4\,cm$ und dem Radius $r = 3\,cm$.
Nutze z. B. die Formel aus dem Tafelwerk.

A $V \approx 37{,}70\,cm^3$ B $V \approx 113{,}10\,cm^3$
C $V \approx 0{,}04\,cm^3$ D $V \approx 1{,}13\,cm^3$

4 Welcher der Körper hat das größte Volumen?

A Kegel mit $r = 4\,cm$ und $h = 4\,cm$
B Kugel mit $r = 4\,cm$
C Zylinder mit $r = 4\,cm$ und $h = 4\,cm$
D quadratische Pyramide mit $a = 4\,cm$ und $h = 4\,cm$

5 Auf einem Tisch liegen vier Münzen mit einem Volumen von $0{,}905\,cm^3$. Es sind anscheinend Goldmünzen. Ihre Masse *m* ist unterschiedlich. Gold hat eine Dichte von je $19{,}3\,\frac{g}{cm^3}$. Welche der Münzen bestehen vermutlich aus Gold?

A $m \approx 0{,}17$ kg B $m \approx 17\,467$ mg
C $m \approx 1{,}75$ g D $m \approx 17{,}5$ g

6 Berechne den Flächeninhalt A_M des Mantels eines geraden Zylinders mit dem Radius *r* von 2 cm und der Höhe *h* von 8 cm.

A $A_M \approx 32{,}00\,cm^2$ B $A_M \approx 100{,}53\,cm^2$
C $A_M \approx 45{,}36\,cm^2$ D $A_M \approx 120{,}78\,cm^2$

7 Berechne die Körperhöhe *h* eines Kegels mit $r = 5\,cm$ und einem Volumen von $261{,}8\,cm^3$.

A $h = 1\,cm$ B $h = 5\,cm$
C $h = 8\,cm$ D $h = 10\,cm$

8 Bestimme den Oberflächeninhalt A_O und das Volumen *V* des Körpers. Er wurde aus $1\,cm^3$ großen Würfeln zusammengesetzt.

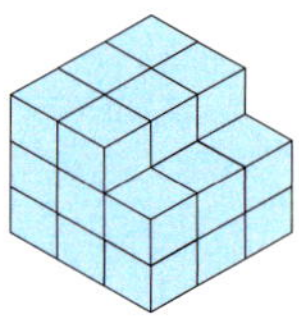

A $V = 24\,cm^3$ B $V = 25\,cm^3$
C $A_O = 54\,cm^2$ D $A_O = 52\,cm^2$

9 Mit welcher Zahl muss man das Volumen einer Kugel multiplizieren, um das Volumen einer Kugel mit doppeltem Radius zu erhalten?

A 2 B 4
C 6 D 8

10 Bei einem Zweitafelbild wird ein Körper von vorne und von oben gezeichnet.
Welche der Körper könnten zum Zweitafelbild gehören?

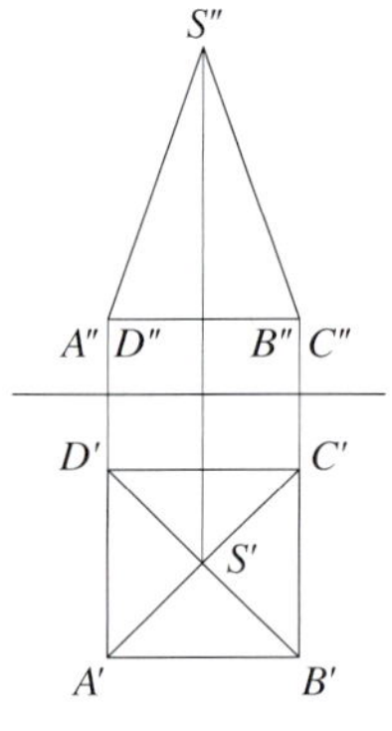

A Kreiskegel
B gerades Prisma
C gerade Pyramide
D Quader

8 bis 10 Aufgaben sind richtig. Deine Grundfertigkeiten sind gut.
6 bis 7 Aufgaben sind richtig. Deine Grundfertigkeiten sind befriedigend.
Weniger als 6 Aufgaben sind richtig. Deine Grundfertigkeiten sind noch nicht ausreichend.

Literaturhinweis: Mathematik in Übersichten S. 169 ff.

Trainiere an komplexeren Aufgaben

Aufgabe 1

Löse folgende Aufgaben.

a) Ein gerades Prisma hat als Grundfläche ein rechtwinkliges Dreieck mit den Katheten $a = 60\,\text{mm}$ und $b = 80\,\text{mm}$. Die Höhe des Prismas beträgt 100 mm. Berechne das Volumen V.

b) Ein gerader Zylinder ist 27 cm hoch. Die Grundfläche hat einen Radius von 24 cm. Berechne das Volumen V und den Oberflächeninhalt A_O.

c) Eine oben offene zylindrische Regentonne aus fasst insgesamt 400 Liter Wasser. Sie hat einen Durchmesser von 80 cm. Bestimme ihre Höhe.

d) Eine Schokoladenkugel hat einen Innendurchmesser von 25 mm. Sie ist zur Hälfte mit Marzipan gefüllt. Berechne das Volumen der Marzipanfüllung?

e) Ein Fußball hat einen Radius von 11 cm.
Wie viel Quadratzentimeter Leder braucht man mindestens zur Herstellung des Balls?
Erkläre, warum es schwer ist einen genauen Wert anzugeben?

Aufgabe 2

Es stehen die abgebildeten etwa gleich groß erscheinenden Verpackungen im Regal. Beide sind gerade und insgesamt 19 cm hoch. Eine hat eine rechteckige Grundfläche mit Seitenlängen von 10 cm und 8 cm. Die andere hat eine kreisförmige Grundfläche mit einem Durchmesser von 10 cm. Die „Deckel“ sind jeweils 5 cm hoch.

①

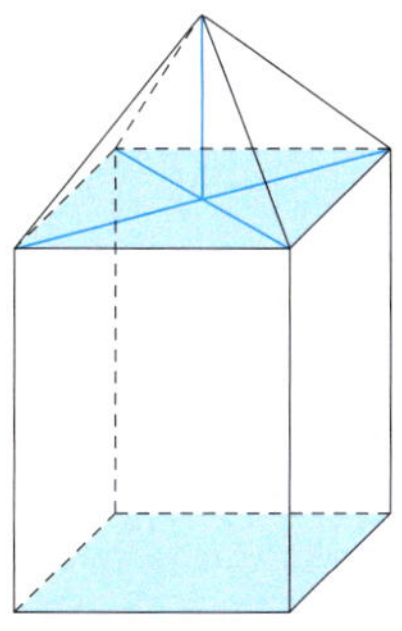

②

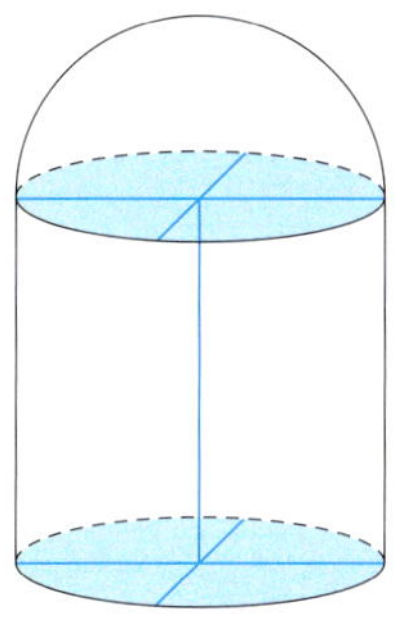

a) Berechne die Volumina beider Verpackungen.

b) Um wie viel Prozent ist das Volumen einer Verpackung größer als das der anderen?

c) Welche Kantenlänge müsste jeweils eine würfelförmige Verpackung mit gleich großem Volumen haben?

d) Berechne die Kosten für die Außenlackierung von je 100 Verpackungen, wenn 1,00 € pro Quadratmeter zu zahlen ist?
Die Grundflächen werden nicht lackiert.

Aufgabe 3

Das abgebildete Haus wird fertig gestellt.

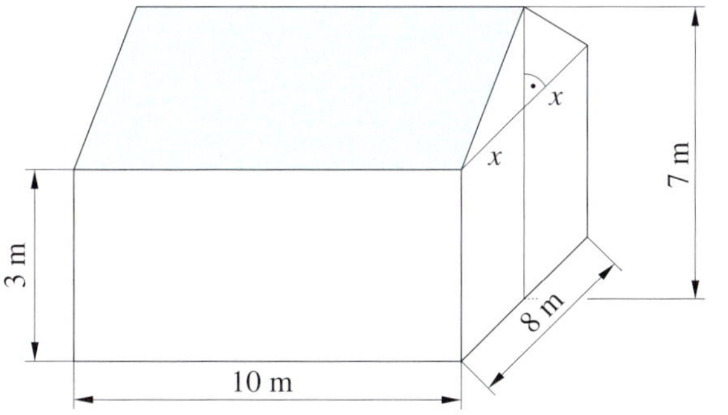

a) Wie teuer ist die Dacheindeckung, wenn $1\,\text{m}^2$ 85 € kostet und man mit 10 % Verschnitt rechnet?

b) Die Außenwände sollen gestrichen werden. Wie groß ist die zu streichende Fläche, wenn Fenster und Türen nicht abgerechnet werden?

c) Um Hausbaukosten vergleichen zu können, berechnet man den umbauten Raum. Darunter versteht man das Volumen des Hauses.
Wie teuer ist $1\,\text{m}^3$ umbauter Raum, wenn die Baukosten insgesamt 250 000 € betragen?

Aufgabe 4

Eine Kerze hat die Form eines geraden Kreiszylinders mit einer Höhe von 23 cm und einem Durchmesser von 3 cm. Es wird davon ausgegangen, dass beim Abbrennen stets ein gerader Kreiszylinder entsteht und dass die Brenndauer proportional zur verbrannten Wachsmasse ist. Nachdem die Kerze sieben Stunden gebrannt hat, ist sie nur noch halb so hoch wie am Anfang.

a) Ermittle, wie viel Kubikdezimeter Kerzenwachs in sieben Stunden verbrannte.

b) Wie lange kann sie noch brennen, wenn sie bis auf $\frac{1}{3}$ der ursprünglichen Höhe abgebrannt ist?

Aufgabe 5

Die Cheops-Pyramide ist die älteste der drei Pyramiden von Gizeh und die höchste Pyramide der Welt. Ursprünglich war sie 280 Königsellen (1 Königselle ≈ 52,3 cm) hoch. Die quadratische Grundfläche maß 440 mal 440 Königsellen. Heute ist die Cheops-Pyramide etwa 138,50 m hoch und hat eine Grundfäche 225 m mal 225 m.

a) Zeichne Schrägbilder der ursprünglichen und heutigen Cheops-Pyramide im Maßstab 1 : 2000.
b) Bestimme das Volumen der ursprünglichen und der heutigen Cheopspyramide.
c) Wie viel Gestein ist seit dem Bau vor ca. 4600 Jahren verwittert?
d) Ein Internetlexikon gibt das ursprüngliche Gesamtvolumen der Pyramide nach Abzug der Hohlräume mit 2,5 Mio. m^3 und die ursprüngliche Mantelfläche mit 85 500 m^2 an.
Ist das möglich? Wie groß sind demnach die Hohlräume?

Aufgabe 6

Es sollen aus Papier bzw. aus Lehm Körper entsprechend der Vorgaben gebaut werden.

Vorgaben

- *Der Zylinder wird 3 cm hoch und hat einen Radius von 2,5 cm.*
- *Alle Flächen der Pyramide sind gleichseitige Dreiecke mit 4 cm langen Seiten.*
- *Der Kegel ist 3 cm hoch. Sein Durchmesser beträgt 8 cm.*

a) Zeichne die benötigten Körpernetze für den Zylinder und die Pyramide.
b) Bestimme, wie viel Kubikzentimeter Lehm zur Herstellung des Zylinders und des Kegels etwa benötigt werden.
c) Lehm hat eine Dichte von je rund $1{,}6\,\frac{g}{cm^3}$.
Wie schwer sind Zylinder und Kegel zusammen?
d) Zeichne von jedem Körper ein Zweitafelbild.

Aufgabe 7

In Brandenburg gibt es eine riesige Halle. Auf einer Internetseite findet man dazu folgende Informationen.
Die Halle „hat eine Grundfläche von 66 000 m^2. Mit einer Länge von 360 m, einer Breite von 210 m und einer Höhe von 107 m ist die Halle so groß, dass in ihr 8 Fußballfelder Platz finden.“

a) Überprüfe mithilfe deiner Skizze, ob tatsächlich acht Fußballfelder Platz in der Halle finden.
b) Beschreibe die Oberfläche der Halle möglichst präzise. Verwende geeignete Fachbegriffe.

Aufgabe 8

Ein Container ist innen 2,80 m lang, 2 m breit und 0,90 m hoch. Damit schnell abgeschätzt werden kann, wie viel Schutt enthalten ist, sollen Markierungen angebracht werden.

Schutthöhe in m	0	0,15	0,30	0,45	0,60	0,75	0,90
Volumen in m^3							

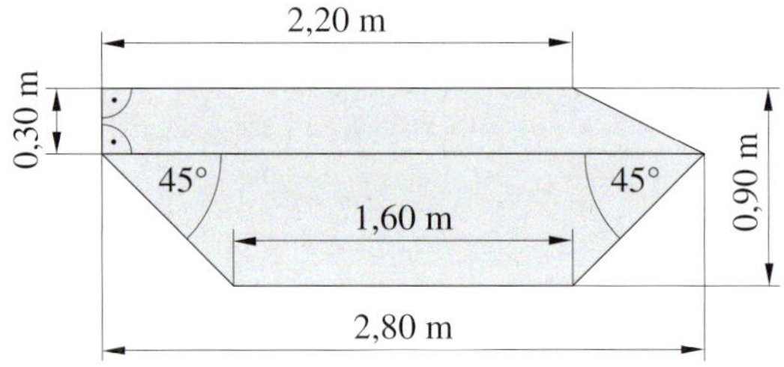

a) Ergänze die Wertetabelle.
b) Der Container ist bis zur halben Höhe mit Schutt gefüllt. Ist er jetzt auch „halb voll“?
Begründe deine Meinung.
c) Fertige von dem Container ein Schrägbild mit $\alpha = 45°$ und $q = \frac{1}{2}$ im Maßstab 1 : 25 an.

Aufgabe 9

Der abgebildete Obelisk setzt sich aus einem geraden quadratischen Pyramidenstumpf, einem Würfel und einer geraden quadratischen Pyramide zusammen. Er soll aus Beton hergestellt werden.

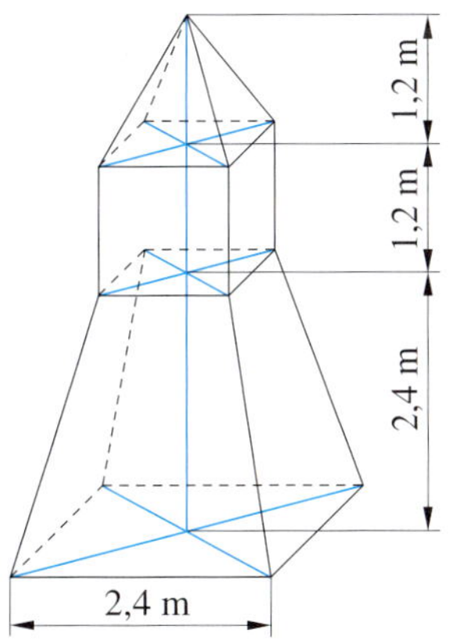

a) Wie viel Kubikmeter Beton müssen mindestens für die Anfertigung des Obelisken bereitgestellt werden?

b) Wie viele Tonnen sollte ein Tieflader mindestens befördern dürfen, um den fertigen Obelisken sicher zu seinem Aufstellungsort bringen zu können? Die Dichte des verwandten Betons beträgt $2{,}3\,\frac{\text{g}}{\text{cm}^3}$.

c) Der Obelisk soll außen an den später sichtbaren Flächen mit einem Sprayschutzmittel überzogen werden. Für wie viel Quadratmeter muss Schutzmittel bestellt werden?

Aufgabe 10

Ein Gewächshaus mit Pultdach wurde als Schrägbild mit $\alpha = 45°$ und $q = \frac{1}{2}$ dargestellt.

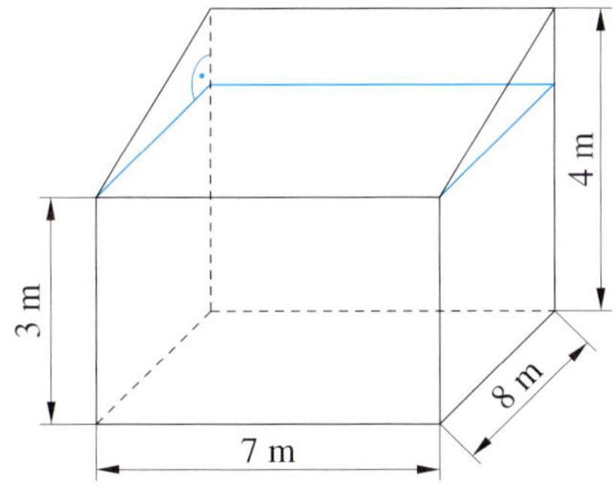

a) Konstruiere das Schrägbild des Hauses im Maßstab 1 : 200.

b) Berechne, unter welchem Winkel die Dachfläche gegenüber der Grundfläche geneigt ist.

c) Für einen Quadratmeter Dachfläche benötigt man 46 Glasziegel, jeder kostet 1,20 €. Es sollen 5 % mehr als die eigentlich benötigte Anzahl angefordert werden.
Mit welchen Kosten muss der Bauherr für den Einkauf der Glasziegel rechnen?

Aufgabe 11

Das Netz einer Pyramide ist im Koordinatensystem maßstabsgetreu dargestellt.
Die Seitenlänge des blauen Quadrates entspricht einer Längeneinheit.

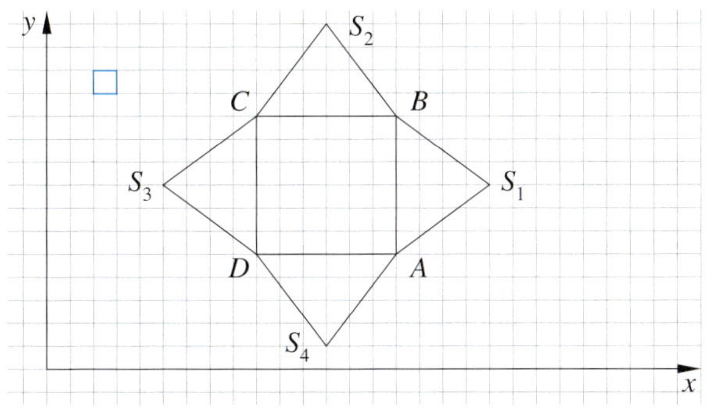

a) Gib mindestens zwei Eigenschaften der Pyramide an, die man anhand der Zeichnung erkennen kann.

b) Zeichne die Pyramide maßstabsgerecht als Schrägbild mit $\alpha = 45°$ und $q = \frac{1}{2}$. Bezeichne die Eckpunkte.

c) Gib das Volumen der Pyramide in Volumeneinheiten an.

d) Gib den Oberflächeninhalt der Pyramide in Flächeneinheiten an.

Aufgabe 12

Die Kantenlänge a des Würfels beträgt 6 cm. Wird der Würfel wie abgebildet durch die Kantenmittelpunkte zerschnitten, so entsteht als Schnittfläche das blau eingezeichnete regelmäßige Sechseck.

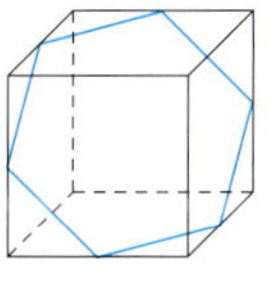

a) Gib das Volumen der beiden Teilkörper an.

b) Berechne vom regelmäßigen Sechsecks den Flächeninhalt.

c) Berechne den Oberflächeninhalt von einem der beiden entstandenen Teilkörper.

Beschreibende Statistik

Der Umgang mit Daten ist in zahlreichen Bereichen von großer Bedeutung, z.B. für Wetteraufzeichnungen, -auswertungen und -vorhersagen. Die Ergebnisse von Untersuchungen werden oft in Diagrammen veranschaulicht und mithilfe von Kennwerten wie beispielsweise dem arithmetischen Mittel beschrieben.

Teste deine Grundfertigkeiten

1 In einer Schule wurden 144 Schülerinnen und Schüler gefragt, wie sie morgens zur Schule gelangen.

Beförderungsmittel	Bus/ Bahn	Fahrrad/ Moped	zu Fuß
absolute Häufigkeit	36	18	90

a) Welche Diagramme könnten bei entsprechender Beschriftung den Sachverhalt darstellen?

A
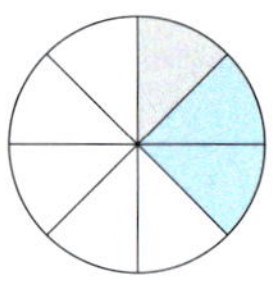

B
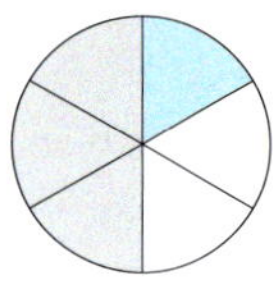

C
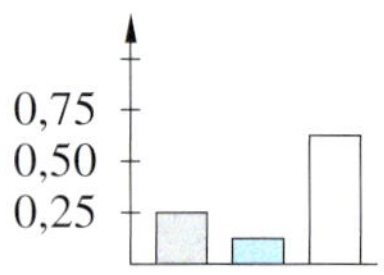

D
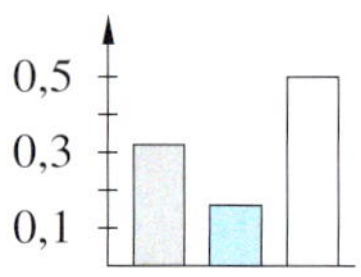

b) Gib die relative Häufigkeit der Schülerinnen und Schüler, die zu Fuß kommen, an?

A 62,5 %   B 0,625 %

C $\frac{5}{6}$ D 90 %

2 In einem Sportverein ist jedes der 240 Mitglieder wie folgt genau einer Sektion zugeordnet worden.

Fußball	Hockey	Turnen	Schwimmen	Handball

a) Wie viele gehören zur Sektion Fußball?

A 120   B 84

C 67   D 56

b) Wie viele Kinder und Jugendliche sind Schwimmer, wenn es 30 erwachsene Schwimmer gibt?

A 60   B 50

C 40   D 30

3 Welche Aussagen sind richtig?

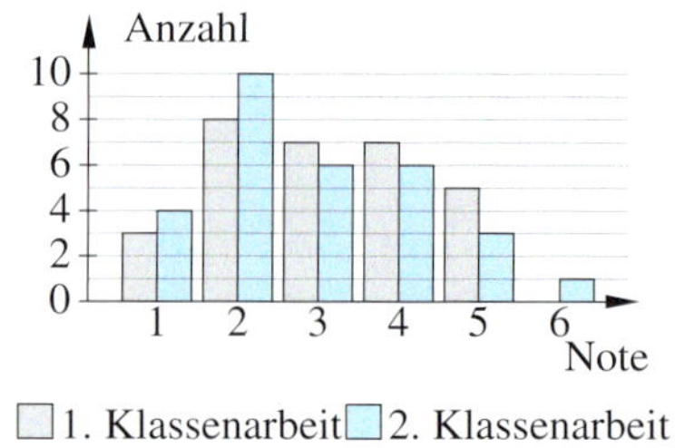

A 28 Schülerinnen bzw. Schüler schrieben mit.

B Das arithmetische Mittel der 1. Arbeit ist 3,1.

C Der Durchschnitt der 2. Arbeit ist 2,8.

D Der Zentralwert beider Arbeiten ist 3.

4 30 Schüler schrieben einen Test mit, der Durchschnitt war 3,1. Wie viele bekamen eine 4 bzw. 5?

1	2	3	4	5	6
4	7	8			2

A Note 4: 1; Note 5: 7   B Note 4: 3; Note 5: 5

C Note 4: 6; Note 5: 3   D Note 4: 7; Note 5: 2

5 Welche der Aussagen passen zur Darstellung?

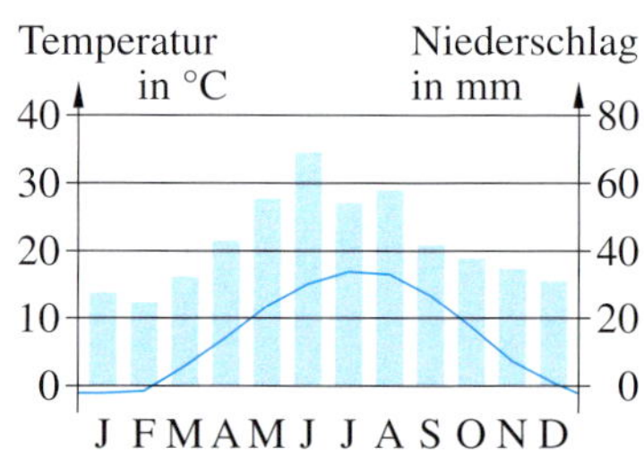

A Im Juni fällt durchschnittlich die höchste Jahresniederschlagsmenge in Erfurt.

B Im Dezember fällt durchschnittlich die drittgrößte monatliche Jahresniederschlagsmenge.

C In Erfurt beträgt die durchschnittliche Niederschlagsmenge pro Monat ca. 50 mm.

D In 5 Monaten eines Kalenderjahres liegt die Durchschnittstemperatur in Erfurt über 10 °C.

4 bis 5 Aufgaben sind richtig. Deine Grundfertigkeiten sind gut.
2 bis 3 Aufgaben sind richtig. Deine Grundfertigkeiten sind befriedigend.
Weniger als 2 Aufgaben sind richtig. Deine Grundfertigkeiten sind noch nicht ausreichend.

Literaturhinweis: Mathematik in Übersichten S. 189 ff.

TRAINIERE AN KOMPLEXEREN AUFGABEN

AUFGABE 1

Bei einem Test wurden folgende Ergebnisse erfasst.

Punkte	0	1	2	3	4	5	6	7	8	9	10
Anzahl der Schüler	2	0	0	1	2	5	7	8	6	6	3

a) Stelle die Ergebnisse in einem Säulendiagramm dar.

b) Wie viele Punkte hat jeder Teilnehmer im Durchschnitt erreicht?

c) Um wie viel ändert sich die durchschnittliche Punktzahl, wenn man die beiden Ausreißer mit 0 Punkten nicht berücksichtigt?

AUFGABE 2

Bei einer Verkehrszählung wurde die Anzahl der Personen pro Pkw in einer Urliste erfasst.

1; 1; 2; 1; 2; 1; 1; 1; 2; 4; 1; 2; 3; 1; 2; 5; 2; 1; 1; 3; 4; 4; 1; 4; 1; 2; 5; 1; 2; 2; 2; 1; 1; 4; 1; 2; 1; 1; 1; 2; 2; 1; 1; 1; 2; 3; 4; 1; 2; 2

a) Trage die absoluten und die relativen Häufigkeiten der beobachteten Anzahl der Personen pro Pkw in eine Häufigkeitstabelle ein.

b) Veranschauliche die Verteilung in einem Kreisdiagramm und in einem Balkendiagramm. Welcher Diagrammtyp erscheint dir zur Veranschaulichung geeigneter? Nenne einen Grund.

c) Wie viele Personen saßen durchschnittlich in einem Pkw?

d) Gib die Anzahl der Personen pro Pkw an, die am häufigsten auftrat.

e) Ermittle den Zentralwert der Anzahl der Personen pro Pkw.

f*) Bestimme Varianz und Standardabweichung.

AUFGABE 3

Eine Gärtnerei bietet Packungen Krokuszwiebeln mit 80 Stück an. Jede Packung enthält ca. 12,5 % weiß, 25 % gelb und $33\frac{1}{3}$ % violett blühende Krokusse. Der Rest der Krokusse dieser Packungen blüht orange.

a) Eine Marktanalyse ergab folgende Verkaufspreise.

Gärtnerei	A	B	C	D	E
Preis in €	7,99	7,35	7,49	9,99	8,00

Ermittle das arithmetische Mittel und die Spannweite der Preise.

b) Ermittle die durchschnittlich Anzahl der Krokuszwiebeln pro Packung, die weiß, gelb, violett bzw. orange blühen.

c) Berechne, wie viele weiße, gelbe, violette und orange blühende Krokuszwiebeln bei gleicher prozentualer Verteilung in einer 500er Packung wären?

AUFGABE 4

Betrachte die Darstellung zu Chancen und Risiken im Leben aus einer Zeitung.

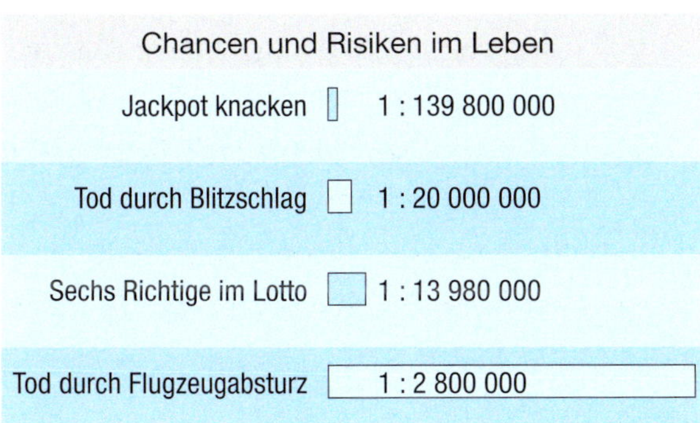

a) Wie wird vermutlich die Wahrscheinlichkeit für das Ereignis „Tod durch Blitzschlag" ermittelt?

b) Welches Ereignis ist am wahrscheinlichsten?

c) Überprüfe, ob die Darstellung „manipuliert" ist.

d) Welche der Aussagen passen zur Darstellung?
- „139 800 000 Personen, die wöchentlich Lotto spielen, knacken in ihrem Leben den Jackpot."
- „Einer von 13 980 000 Spielern hat sechs Richtige im Lotto."
- „Die Wahrscheinlichkeit mit einem Flugzeug abzustürzen ist rund $3{,}6 \cdot 10^{-7}$."

Wahrscheinlichkeitsrechnung

Die Wahrscheinlichkeitsrechnung ist ein Gebiet der Mathematik, das in zahlreichen Anwendungsgebieten eine große Bedeutung besitzt. Sie befasst sich vor allen Dingen damit, das Zufällige, also das Unberechenbare, in gewisser Weise doch berechenbar zu machen.

Teste deine Grundfertigkeiten

1 Eine Münze wird einmal geworfen. Mit welcher Wahrscheinlichkeit liegt „Zahl“ oben?

A 0,5 B 2
C 50% D $\frac{1}{2}$

2 Ein regulärer Würfel (d. h. ein Laplace-Würfel) wird einmal geworfen. Mit welcher Wahrscheinlichkeit fällt eine Zahl, die kleiner als 4 ist?

A $\frac{2}{3}$ B $\frac{1}{2}$
C 0,5 D $\frac{1}{3}$

3 Zwei reguläre Würfel werden gleichzeitig geworfen. Mit welcher Wahrscheinlichkeit fällt ein Pasch (zwei gleiche)?

A $\frac{30}{36}$ B $\frac{5}{6}$
C $\frac{1}{6}$ D $\frac{1}{3}$

4 Für welche Ereignisse beim Würfeln mit einem regulären Würfel ist die Wahrscheinlichkeit $\frac{1}{3}$?

A 3 teilt die geworfene Augenzahl.
B „3“ ist die geworfene Augenzahl.
C Die geworfene Augenzahl ist größer als 3.
D Die geworfene Augenzahl ist kleiner als 3.

5 Jan schüttet die Reißzwecken in eine Schachtel. Schätze, mit welcher Wahrscheinlichkeit eine Reißzwecke auf der „runden Fläche“ liegen bleibt?

A $\frac{20}{7}$
B $\frac{7}{20}$
C 35%
D 45%

6 In einem Korb mit 30 Eiern liegen 6 angeschlagene Eier. Mit welcher Wahrscheinlichkeit entnimmt man dem Korb beim einmaligen Ziehen ein ganzes Ei?

A $\frac{6}{30}$ B $\frac{1}{5}$
C $\frac{24}{30}$ D $\frac{4}{5}$

7 Ein Kunde nimmt nacheinander zwei Eier aus dem Korb mit 36 Eiern, von denen 6 angeschlagen sind.

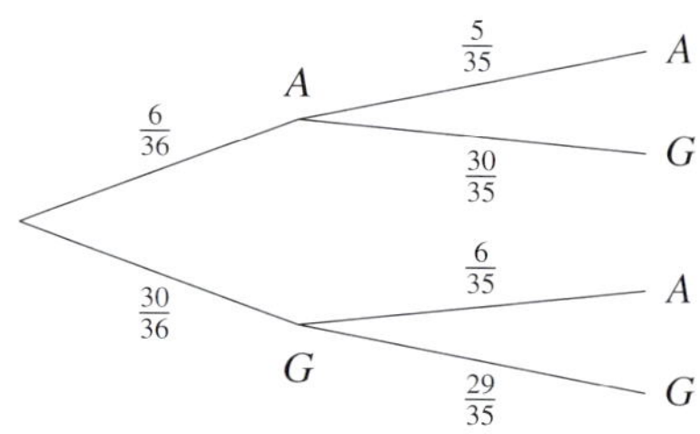

a) Mit welcher Wahrscheinlichkeit hat er zwei angeschlagene Eier entnommen?

A 0,33 B 0,17
C 0,02 D 0,14

b) Mit welcher Wahrscheinlichkeit hat er genau ein angeschlagenes Eier entnommen?

A 0,14 B 0,17
C 0,32 D 0,29

8* Eine Gruppe besteht aus 5 Personen. Wie viele Möglichkeiten gibt es, diese an einem Tisch mit 5 Plätzen zu platzieren?

A 15 B 5
C 25 D 120

9* Eine Speisekarte verzeichnet 3 Vorspeisen, 8 Hauptspeisen und 5 Desserts. Wie viele verschiedene vollständige Menüs kann man sich zusammenstellen?

A 16 B 29
C 120 D 43

6 bis 7 Aufgaben sind richtig. Deine Grundfertigkeiten sind gut.
4 bis 5 Aufgaben sind richtig. Deine Grundfertigkeiten sind befriedigend.
Weniger als 4 Aufgaben sind richtig. Deine Grundfertigkeiten sind noch nicht ausreichend.

Literaturhinweis: Mathematik in Übersichten S. 199 ff.

Trainiere an komplexeren Aufgaben

Aufgabe 1

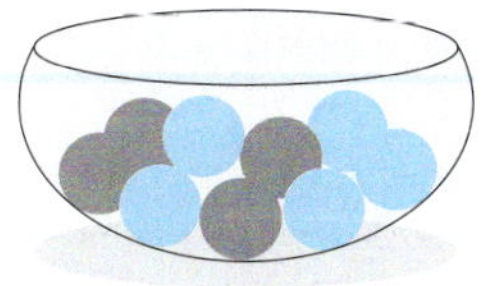

Aus der Urne mit schwarzen und blauen Kugeln werden willkürlich zwei Kugeln nacheinander entnommen.

a) Mit welcher Wahrscheinlichkeit sind sie gleichfarbig, wenn jede entnommene Kugel wieder zurückgelegt wird?
b) Mit welcher Wahrscheinlichkeit sind sie gleichfarbig, wenn die jeweils entnommene Kugel nicht zurückgelegt wird?
c) Mit welcher Wahrscheinlichkeit haben die Kugeln unterschiedliche Farben, wenn die entnommene Kugel wieder zurückgelegt wird?
d) In die Urne werden zusätzlich zwei weiße Kugeln gelegt. Mit welcher Wahrscheinlichkeit werden zwei verschiedenfarbige Kugeln genommen.

Aufgabe 2*

Die Buchstaben „I“, „E“, „S“ und „N“ können beliebig aneinandergereiht werden. Dabei darf jeder Buchstabe nur einmal benutzt werden.

a) Welche sinnvollen Wörter (die in einem Standardwerk der deutschen Rechtschreibung zu finden sind) können dabei entstehen?
b) Wie viele sinnvolle Aneinanderreihungen dieser Buchstaben gibt es?
c) Wie viele Möglichkeiten der nicht sinnvollen Aneinanderreihungen dieser Buchstaben gibt es?
d) Berechne die Wahrscheinlichkeit für das Entstehen eines sinnvollen Wortes.
e) Wie viele Buchstabenfolgen können aus den vier gegebenen Buchstaben gebildet werden, wenn jede dieser Folgen genau vier Buchstaben enthält und jeder Buchstabe bis zu viermal verwendet werden darf?

Aufgabe 3*

Beim Stadtfest wurde ein Glücksrad aufgebaut. Der Einsatz für ein Spiel, d. h. dreimal nacheinander Drehen, beträgt 1 €. Die Preise verteilen sich wie folgt: Es gibt 1 € für zweimal Blau und 2 € für dreimal Blau.

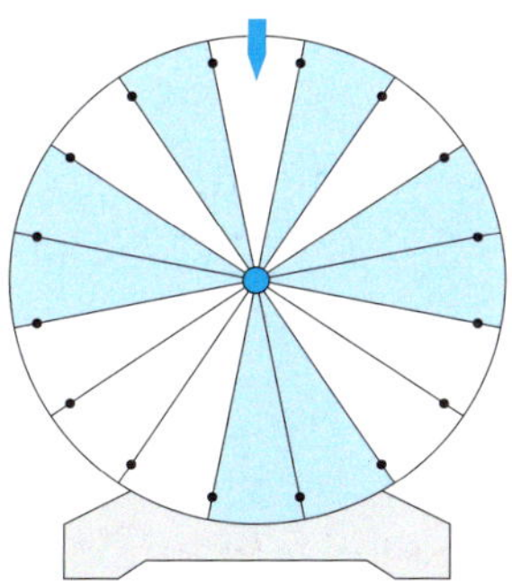

a) Bestimme die Wahrscheinlichkeit für Weiß beim ersten Drehen.
b) Mit welcher Wahrscheinlichkeit erhält man in einem Spiel 2 €.
c) Der Gewinn ist die Differenz zwischen Preis und Einsatz. Bestimme den Erwartungswert für den Gewinn. Was gibt diese Zahl inhaltlich an?
d) Wie groß ist auf lange Sicht der Verlust bei diesem Spiel?
e) Wie könnten die Auszahlungsbeträge festgelegt werden, damit das Spiel fair ist?

Aufgabe 4*

Ein Betrüger hat einen Würfel mit den Augenzahlen von 1 bis 6 „gezinkt“, sodass sich nur die Wahrscheinlichkeiten für die Augenzahlen 1 und 6 verändert haben. Die Wahrscheinlichkeit für eine 6 beträgt nun rund 0,13 und die Wahrscheinlichkeit für eine 1 rund 0,20.

a) Gib an, mit welcher Wahrscheinlichkeit jede Augenzahl bei einem Wurf auftritt.
b) Ist es sinnvoll darauf zu wetten, dass spätestens beim sechsten Wurf die Augenzahl 1 geworfen wird? Begründe mithilfe einer Rechnung.
c) Bestimme den Erwartungswert. Was gibt diese Zahl inhaltlich an?
d) Jemand setzt 10 € darauf, dass bis zum dritten Wurf eine 6 fällt. Wie viel sollte man höchstens dagegen setzen, wenn man bei diesem Spiel keine schlechteren Gewinnchancen haben will als der andere?

Trainingsplan zur Prüfungsvorbereitung

Schwerpunkte	Datum	Was kann ich gut? ...
Prozent- und Zinsrechnung		
Zahlen und Größen		
Terme, Gleichungen und Ungleichungen		
Lineare Gleichungssysteme		
Lineare und andere Funktionen		
Quadratische Funktionen und Gleichungen		
Potenzen, Wurzeln und Logarithmen		
Dreiecke und Winkelfunktionen		
Geometrie in der Ebene – Vielfältige Aufgaben		
Geometrie im Raum – Vielfältige Aufgaben		
Beschreibende Statistik		
Wahrscheinlichkeitsrechnung		
Prüfungsaufgaben (www.thueringen.de/de/tkm/schule/schuleonline/pruefung/ www.cornelsen.de/abschlusspruefungmathe)		